해양생물,
파란 세상에서 살아가기

지은이

박흥식

해양생물학을 공부하고, 30여 년 이상 스쿠버다이빙을 하면서 파란 세상에서 해양생물들과 어울려 살아왔다. 1991년부터 한국해양과학기술원에서 근무하면서 해양 저서생물 분야의 연구에 참여하고 있으며, 2006년부터 10여 년 동안 미크로네시아 태평양해양과학기지에서 산호 생태계 연구를 수행했다.
60여 편의 국내외 논문을 비롯해 『재미있는 바다 이야기』, 『미래 자원의 보물 창고, 열대 바다』, 『소금, 마법의 하얀 알갱이』 등 20여 권의 책을 썼다.

과학으로 보는 바다 10
해양생물, 파란 세상에서 살아가기

초판 2쇄 발행일 | 2024년 5월 20일
초판 1쇄 발행일 | 2021년 12월 23일

지은이 박흥식
펴낸이 이원중

펴낸곳 지성사 **출판등록일** 1993년 12월 9일 **등록번호** 제10-916호
주소 (03458) 서울시 은평구 진흥로 68, 2층
전화 (02) 335-5494 **팩스** (02) 335-5496
홈페이지 www.jisungsa.co.kr **이메일** jisungsa@hanmail.net

ISBN 978-89-7889-485-2 (04400)
978-89-7889-269-8 (세트)
잘못된 책은 바꾸어드립니다. 책값은 뒤표지에 있습니다.

〈과학으로 보는 바다〉 시리즈는
한국해양과학기술원의 주요 연구 사업에 대한 과학기술적 성과와 연구 과정을 담은 생생한 사진을
청소년은 물론 일반 독자들과 나누기 위하여 한국해양과학기술원에서 기획한 과학 교양도서입니다.
한국해양과학기술원 홈페이지 www.kiost.ac.kr

해양생물, 파란 세상에서 살아가기

박흥식 지음

지성사

파란 세상으로

우리가 사는 세상에는 바다 공간이 있다.

물로 덮여 있고, 지구 표면의 78퍼센트를 차지한다. 비추는 햇빛, 바닥 모양, 파도에 휘둘린 모습 등 다양한 조건에 따라 서로 다른 색을 띤다. 하지만 사람들은 바다를 '파란색'으로 인식한다. 그래서 이 책에서는 '파란 세상'이라고 부르기도 했다.

바다에서 창조된 생명체는 살아남기 위해 또는 살아가기 위해 파란 세상에 순응하고, 또한 적응하고 있다.

생명체는 삶을 위한 에너지를 얻기 위해 노력하다가 결국 남이 만들어 놓은 것을 쉽게 구하는 방법인 포식을 터득했지만, 오히려 자신도 포식을 피해야 했다. 그리고 삶을 이어가기 위해 짝을 찾아 후손을 낳고 키우면서 파란 세상에서 삶을 유지하고 있다. 이렇게 하나의 공간에 생존하는 서로 다른 생명체들이 적응하며 생존하는 방법을 우리는 '생태(ecology)'라는 용어로 표현한다.

우리는 파란 세상에서 살아가는 생물을 어떤 기준으로 구분할 수 있을까? 즉, '해양생물'이라고 부르는 기준이 무엇일까? '바다에서 살아가는 생물'이라면 갯벌이나 모래사장에서 사는 생물은 육상생물인가? '바다에서 살고, 먹이를 구하고, 바다에서 호흡을 유지하는 생물'은 모두 파란 세상에서 살아가는 해양생물이다.

지금부터 파란 세상에서 벌어지는 생명체들의 삶을 소개하고자 한다.

차례

01

적응하다

파란 세상이 있다

그 안에는 우리가 상상하지 못한 환경이 펼쳐져 있다. 더욱 신비로운 것은 거의 모든 조건에서 생명체가 살고 있다는 점이다. 바다는 지구라는 그릇에 담겨 있다. 아무리 수심이 깊다 해도 바닥이 있고, 대기와 맞닿은 수면과 쉬지 않는 파도가 만나는 해안선이 있다. 또한 그 속에는 지구를 구성하는 모든 화학물질이 녹아 있다.

여기에 살아가기 위해서는 주어진 환경을 극복해야 했고, 심지어 서로 함께 살아가려는 노력이 있어야 했다.

물속에서 살아가기

물은 대기보다 저항이 강하여 그 공간을 헤쳐 나아가는 데 상당한 에너지가 필요하다. 우리는 육지에서 달리는 것과 물에서 헤엄치는 것에서 속도와 필요한 힘의 차이를 느낄 수 있다. 처음에는 생명체들도 파란 세상에서 살아가기 위해 이러한 물의 저항을 거스르지 않고 떠다니거나 흐름에 의존했을 것이다.

하지만 어느 순간 스스로 환경을 극복하려는 노력이 시작되었다. 의존적인 모습에서 능동적으로 헤쳐 나아가는 방법과 요령을 키웠다. 물에서 살아가는 동안 흐름에 의존하거나 파도에 휩쓸리면서 바위에 부딪치기도 하고, 바닥에 가라앉기도 했을 것이다. 부딪침 과정에서 끼이거나 몰리면서 매달려 보기도 하고, 바닥에 가라앉다가 묻히기도 했을 것이다. 그들은 새로운 환경을 접할 때마다 살아남기 위한 노력을 거듭했다.

스내퍼(도미류) 떼가 역동적으로 물살을 헤쳐 나아간다. ▶▶

매달려 보기

바닷속에도 바위처럼 단단한 물질로 구성된 환경이 있다. 무언가 붙잡거나 부착하는 도구가 없으면 머무르기 힘든 조건이다. 처음에는 사이에 끼이거나 틈 사이에 들어갔다면 그 공간에서 살아갈 수 있었을 것이다. 이때 생명체는 끝없는 이동을 멈추고 머물게 되었고, 한곳에 정착하기 위한 삶을 택하면서 점차 기어 다니거나 아예 부착하는 능력을 지니게 되었을 것이다.

단단한 물질은 모양과 재질이 달라 생명체가 살기 위해 다양한 적응을 진행했을 것이다. 바닥에 붙어 살게 된 생명체는 한 장소에서 삶을 마감하면서 암반을 덮어 버리거나 그곳에서 떨어져 나와 가라앉았다.

틈이 없을 정도로 바다 생물이 붙어 있다. ▶▶

생물이 만든 바위: 산호초

마치 돌처럼 단단하고, 언뜻 보기에는 전혀 생명체로 보이지 않는 동물이 있다. 산호다. 바닷물 온도가 일년 내내 25도 이상을 유지하는 따뜻한 바다에서 주로 살지만, 실제로 수천 미터 깊이의 바다에서부터 남극이나 북극 얼음 밑에 이르기까지 거의 모든 바다에서 살아간다.

산호는 마치 레고 블록처럼 수천에서 수만 마리가 모여 덩어리를 이루면서 다양한 모습을 형성한다. 산호가 바위를 이루며 서식한다고 하여 '산호초(珊瑚焦, coral reef)'라고 부른다. 이렇게 산호들이 살아가다가 수명이 다하면, 암반과 같은 단단한 석회석 덩어리가 되어 바닷속 어린 생물이 부착하여 살거나 숨어 지내는 공간을 제공한다.

특히 암반과는 달리 모양이 다양하고 복잡한 구조라서 생활 방식이 서로 다른 생물들이 공존할 수 있다. 산호초는 독특한 구소와 수많은 산호가 퍼뜨린 알 등 풍부한 먹이로 인해 파란 세상에서 가장 다양한 생물이 살아가는 공간일 뿐 아니라, 우리가 어획하는 물고기의 20퍼센트 이상이 살아가는 지역이어서 '파란 세상 속 아마존'이라고도 한다.

모습이 다양한 산호가 산호초를 형성한다. ▶▶

파란 세상에 펼쳐진 밀림

파란 세상에도 숲처럼 우거진 밀림이 있다. 수심이 얕고 바위로 이루어진 곳에는 해조류(바닷말류)가 무성하게 서식한다. 다만 식물처럼 흙 속에서 뿌리를 통해 수분과 영양분을 흡수하는 것이 아니라 암반에 부착하여 살아가며, 엽체라고 불리는 '잎'으로 광합성을 하면서 바닷속에 숲을 만든다.

해조류가 만든 복잡한 구조는 마치 육지의 밀림처럼 다양한 생명체가 살기 좋은 공간이다. 해조류를 먹고 사는 생물과 이들을 잡아먹는 포식자, 이곳에 숨어 사는 작은 생명체들이 독특한 생태계를 이룬다.

바다숲은 다양한 생명체가 살기 좋은 공간이다. ▶▶

알갱이로 이루어진 바다

바다에는 육지에서 강이나 바람에 실려 운반되어 온 다양한 크기의 물질이 쌓이는 바닥이 있다. 육상에서 이러한 입자들을 '토양' 또는 '흙'이라고 하지만 파란 세상에서는 '퇴적물'이라고 부른다. 이 퇴적물은 바다에 살았던 생물의 껍데기나 파도 등에 의해 오랫동안 진행된 바윗덩어리의 침식으로 더해지기도 한다.

알갱이 크기에 따라 자갈, 모래, 펄로 나뉘는데, 파란 세상 생명체들은 저마다 다양하게 적응하고 있다. 알갱이 속으로 숨어들거나 구멍을 파서 숨기도 하고, 마치 시멘트처럼 몸에서 끈적한 접착물질을 분비하여 알갱이를 단단히 고정시키듯 집을 짓고 살기도 한다. 하지만 가장 중요한 것은 호흡을 할 때 바닷물이 있어야 하기에 어떤 방식으로든 알갱이 속 공간은 바닷물이 통하는 구조로 되어 있다.

▼▼ 모래 속에 구멍을 파고 살아간다.

작은 피난처 조수 웅덩이

바위로 이루어진 섬이나 해안가에 가면 물이 고인 웅덩이를 볼 수 있다. 밀물 때 바닷물이 밀려들어 고이거나 세찬 파도가 몰아칠 때에만 바닷물이 공급되는 공간이다. 갯바위에 살면서 호흡을 오래 견디지 못하거나, 피부가 건조해지면 위태로워지는 해양생물, 바닷가에 살지만 포식자에게 위협을 받는 생물들의 안식처이기도 하다.

이 공간에서도 삶을 위한 치열한 경쟁이 펼쳐진다. 모처럼 포식자를 피하려고 숨어들어도 다른 포식자가 기다리고 있다. 비록 물이 고인 웅덩이지만 바닷물이 계속 공급되지 않으면 물이 햇볕에 데워지거나 바람에 식어 버려 하루에 몇십 도씩 수온 변화가 생길 수 있고, 폭우가 쏟아지면 민물(담수)로 바뀌기도 한다.

▼▼ 조수 웅덩이는 고립된 모습이지만 해양생물의 피난처이다.

검지만 파란 세상에 속하는 공간, 갯벌

갯벌은 바닷물의 주기적인 밀물과 썰물에 따라 대기 중에 드러나기도 하고 바닷물에 잠기기도 하는데, 바닥이 진흙이면 펄갯벌, 모래이면 모래갯벌, 펄과 모래가 섞여 있는 혼성갯벌로 나뉜다. 주로 강 하구나 경사가 완만한 해변이나 밀물과 썰물의 차가 커지면서 드넓은 갯벌이 펼쳐진다.

갯벌에서만 살아가는 생물, 밀물과 함께 바다에서 접근하는 생물, 썰물에 육지와 하늘에서 접근하는 생물들이 복잡한 생태계를 이룬다.

조수간만의 차로 드넓은 갯벌이 펼쳐진다. ▶▶

02

태어나다

파란 세상에 생명이 탄생하다

파란 세상에 처음 나타난 생물은 차라리 창조되었다고 표현할 수 있다. 하지만 아주 오랜 시간 동안 주어진 여건에 적응하면서 다양한 모습으로 변화하여 각기 다른 생명체가 되었다. 그 과정에서 모든 생물이 태어난다.

해양생물이 살아가는 동안 가장 많은 에너지를 사용하는 것이 번식이다. 심지어 어떤 해양생물은 살아가는 데 필요한 에너지의 절반을 번식에 소비한다. 생물이 후손을 잇는다는 것은 살아가면서 해내야 하는 가장 중요한 일이다. 처음에 탄생 과정은 단순한 방식이었지만 더 확실한 번식을 위해 생물마다 점차 복잡한 과정을 거치게 되었다.

번식: 알을 만들다

대부분의 해양생물은 태어나면서부터 어미와 같은 모양이 아니다. 어미를 닮은 생명체로 태어나기 위해 얇은 막이나 딱딱한 껍데기 모습으로 어미에게서 분리된다. 즉, 유전자를 일정 기간 격리하여 성숙되는 과정에서 '알'이라는 모습으로 파란 세상을 맞이한다.

알에서 깨어나면서 바로 어미와 모습이 유사하기도 하지만, 전혀 다른 모습으로 태어나 여러 차례 탈피와 변태를 거치면서 점차 어미를 닮아 간다. 이러한 과정에는 홀로 생존을 위한 치열한 노력이 필요하다.

▼▼ 바위 틈새에 있는 알(난괴)이 부화를 기다린다.

번식: 몸을 나누다

처음에는 알을 만들지 못했다. 몸이 그냥 둘로 나누어졌다. 몸을 반으로 쪼개어 하나를 늘리는 것이다. 즉, 가상 현실에서 자신의 역할을 대신하는 아바타처럼 나와 똑같은 또 다른 나를 만드는 방식으로 시작했다. 이렇게 둘로 나누어져 조금 부족한 모습을 채워 나가고 다시 원래의 모습을 갖추면 다시 둘로 나누어 늘려간다. 즉 자신을 분할하여 가족을 만든다.

▼▼ 길쭉한 모양으로 산호 폴립이 두 개로 나누어진다.

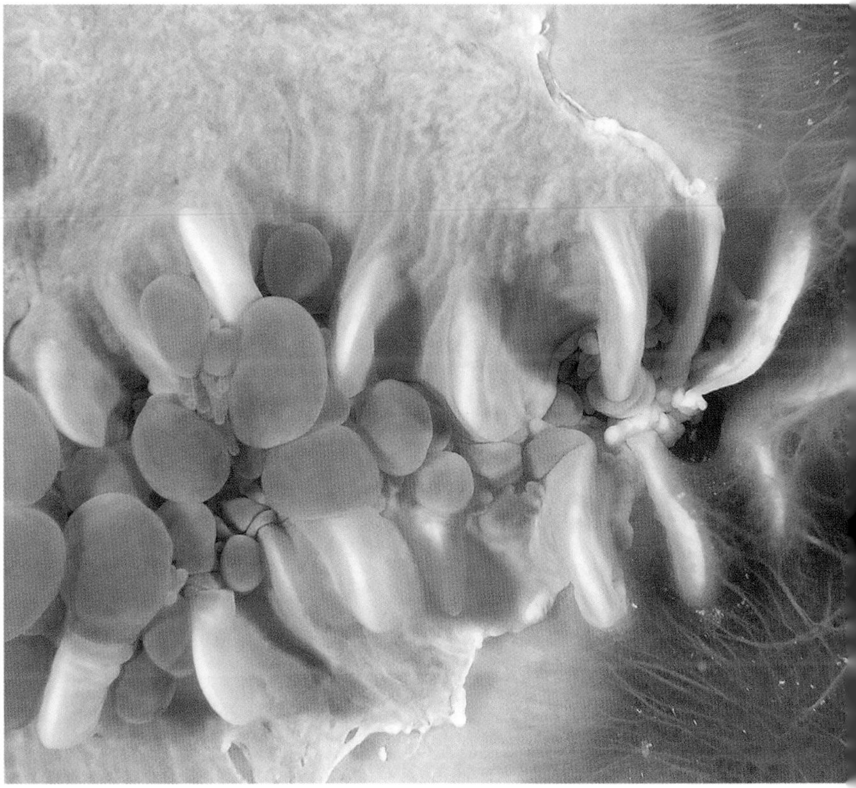

번식: 내 분신을 붙이다

둘로 나누어지는 과정에서 차라리 몸 일부에 작은 나를 만들어 키우는 방법을 터득했다. 마치 한 식물 군락에서 새순이 돋아나는 것처럼 몸에서 혹처럼 돋아나 자라면서 나중에 떨어져 나와 독립된 생명을 형성한다.

이들 중 일부는 환경에 따라 또는 자연적으로 떨어져 나오거나 심지어 어미에게 쫓겨나면서 살아가는 곳을 옮기기도 한다.

히드라충류가 식물처럼 부착기에서 새순을 틔운다. ▶▶

번식: 교환하다

자신으로부터 분신을 만드는 과정에서 어느 순간부터 둘이 함께 자손을 만드는 방식으로 전환한다. 처음에는 한 몸에서 생식세포 중 일부는 알을 만들고 일부는 정자를 만들었다. 다만 몸속에서 스스로 수정하지 않고, 다른 개체와 각각 알과 정자를 맞교환한다.

자신과 다른 유전자를 섞어서 더욱 강하고, 활발한 자손을 만들기 위해 노력하는 방식으로 진화했다. 한 몸에서 알과 정자가 서로 수정되지 않기 위해서 알이 먼저 만들어지고 바다에 뿌려지면, 그다음에 바로 정자를 만드는 방법으로 발전했다.

갯민숭달팽이가 번식을 위해 교미를 한다. ▸▸

번식: 알을 뿌리다

육지에서 식물은 주로 바람을 이용해 씨앗을 멀리 보내고, 바다에 사는 해양생물은 물의 흐름을 이용하여 알을 뿌린다. 대부분의 해양생물은 조류가 가장 빨리 흐르는 시기를 알고 있다. 바닷물의 흐름이 가장 빠른 보름달이 뜬 시기에 파란 세상은 번식을 위한 대규모 행사가 진행된다. 심지어 알을 가득 지닌 무거운 몸을 이끌고 조류가 가장 빠른 장소로 이동하기도 하는 등 알들을 되도록 멀리, 넓게 보내려고 애쓴다. 어떻게 해양생물이 물의 흐름을 알고 있는지 신기하기만 하다.

해삼이 몸을 일으켜서 멀리 정액을 뿌린다. ▶▶

번식: 덩어리로 모으다

어딘가 자손을 멀리 보내는 방식은 주로 바위나 펄에 고착하거나 이동 능력이 떨어지는 해양생물이 택하는 방식이라면 이동할 수 있는 능력을 갖춘 해양생물은 알이 부화하기에 좋은 장소를 찾는다.

산란한 알이 부화하는 과정에서 굴러다니거나 흩어질 때 부딪치면 상처를 입을 수도 있어 차라리 알을 바위에 붙이거나 아니면 굴러다니지 않게 덩어리를 만드는 방법을 고안했다. 심지어 잘 눈에 띄지 않고, 물의 흐름이 좋은 장소를 택하거나 모래나 펄에 묻혀 포식자들에게 발견되지 않게 한다.

알이 부화하기까지 파란 세상은 매우 거칠고 사납다. 수북이 쌓인 알은 포식자에게는 먹이 창고와 다름없다. 하지만 근처에는 아무도 얼씬하지 않는다. 알이 안전하게 냄새가 지독한 '사포닌'이라는 물질을 발라놓았기 때문이다. 또한 알이 포식당한다고 해도 덩어리처럼 모아놓으면 최소한 일부라도 부화할 때까지 생존할 수 있다.

도루묵이 그물에 집단으로 덩어리 알을 낳았다. ▶▶

교미: 평생을 짝이 되어

일생을 암수가 함께 살아가는 부부애가 좋은 해양 생물도 있다. 물속을 들여다보면 서로 가까운 거리에서 나란히 헤엄치는 물고기 한 쌍을 만날 수 있다. 알을 낳고, 알을 지키고, 새끼가 성장할 때까지 돌보며, 부부애가 좋은 것으로 알려진 어류는 흰동가리다. 심지어 암수 중에 한 마리가 죽으면 새롭게 짝을 찾지 않고 살아간다는 연구 결과도 있다.

흰동가리 한 쌍이 하나의 말미잘에서 살아간다. ▶▶

교미: 탈피를 기다리며

파란 세상에서 교미하는 광경을 관찰하기란 쉽지 않다. 해양생물 대부분이 물속에서 알과 정자를 뿌려서 수정을 진행하기 때문이다. 몸이 단단한 껍데기로 둘러싸인 갑각류도 교미를 한다. 수컷은 오른쪽 네 번째 발끝에 정자를 내보내는 관이 있고, 암컷의 배 덮개를 열면 양쪽으로 쉽게 눈에 띄지 않는 작은 구멍이 있다. 즉, 수컷이 정자관이 있는 발끝을 암컷의 배를 열고 밀어 넣어야 한다. 수컷이 교미하기 위해 암컷을 꽉 붙드는 것도 쉽지 않지만 암컷의 배 덮개를 여는 것은 더더욱 쉬운 일이 아니다. 가장 좋은 기회는 막 탈피를 끝낸 암컷을 만나는 것이다.

이렇듯 어렵게 수컷이 암컷 몸속에 정자를 넣으면, 암컷은 정자를 몸속에서 잘 보관했다가 알이 성숙해지면 수정을 한다. 수정된 알은 배에 보관했다가, 알이 부화할 때가 다가오면 물의 흐름이 빠른 곳으로 이동하여 배를 털어내는 동작으로 수정된 알을 파란 세상에 뿌린다. 가장 멀리, 넓게 퍼져 나가 많은 새끼들이 살아갈 수 있게 최선을 다한다.

밤게가 교미를 시도한다. ▶▶

알 지키기: 알을 매달고

알을 낳은 후에 파란 세상에 뿌리지 않고 부화할 때까지 알을 지킨다. 문어는 바위에 거꾸로 매달아 놓은 알들에 지속적으로 물을 뿜어주어 알 표면에 불순물이 붙지 못하게 할 뿐만 아니라 알을 먹으려는 포식자의 접근을 막는다.

암컷은 새끼들이 부화할 때까지 절대 움직이지 않고 자리를 지킨다. 알에서 깨어날 때 알 밖으로 나오기가 버겁고, 심지어 제대로 헤엄치기도 힘든 새끼들을 좀 더 멀리 보내기 위해 물을 머금어서 힘껏 불어준다.

▼▼ 문어 암컷은 알이 부화할 때까지 지킨다.

알 지키기: 몸에 붙여서

밖에서 알을 지키는 것에 한계를 느꼈는지, 바다로 보낸 알이 잘 부화했는지가 걱정되었는지 아예 수정된 알을 몸에 붙이고 다니기도 한다. 알을 붙일 만한 바위가 없는 곳에서 사는 고둥에게서 발견되는 모습이다.

몸에 붙인 알은 어미가 이동할 때마다 알 표면이 물에 의해 닦이는 효과를 얻을 수 있으며, 포식자로부터 보호받을 수 있다. 부착력이 떨어지거나 어미가 심하게 움직이면 알이 떨어져 나가기도 한다. 어미 몸에 붙은 상태에서 부화하여 세상에 나오기도 하지만, 부화 시기가 되면 어미가 알을 털어내기도 한다.

▼▼ 실고기가 배 부분에 붉은색 알을 붙이고 헤엄친다.

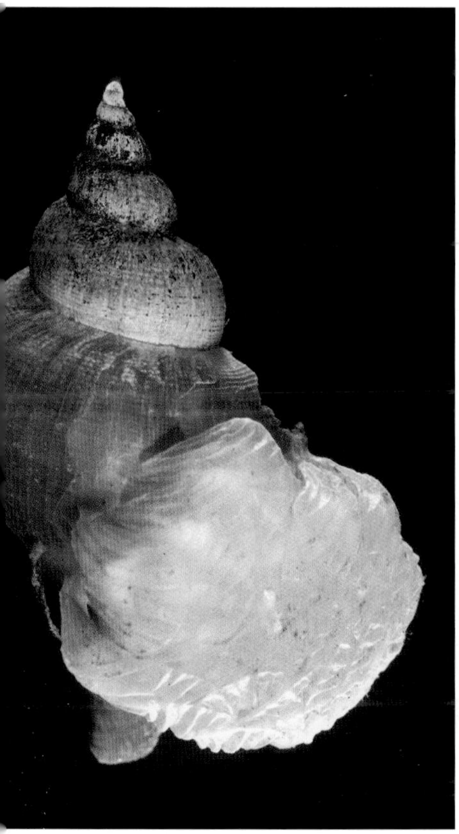

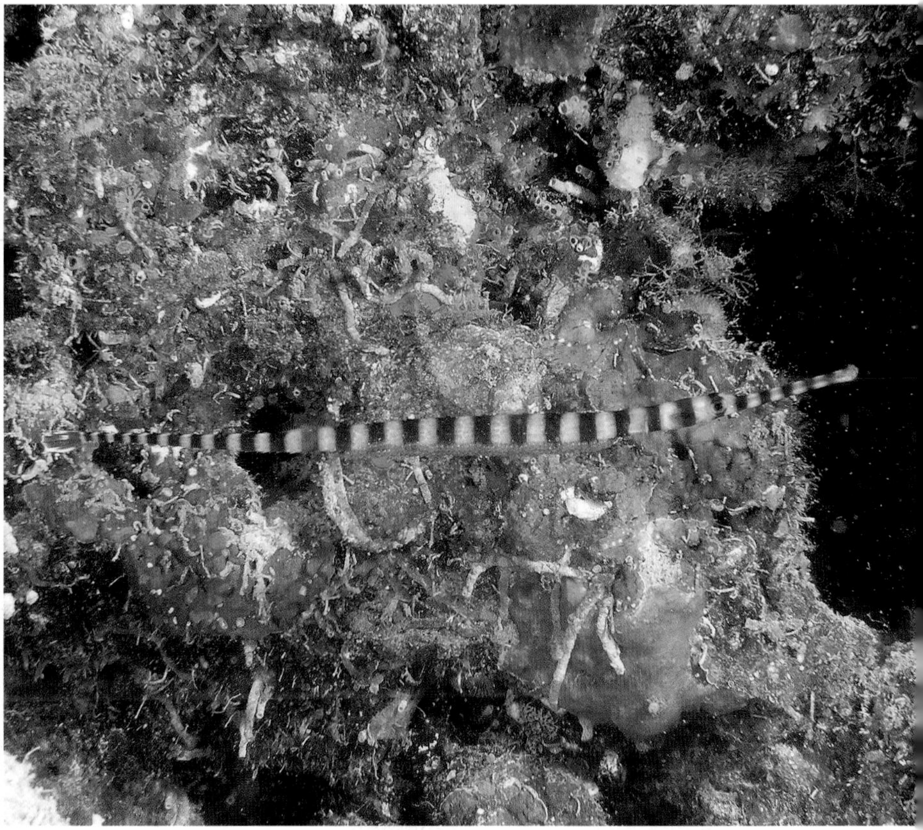

알 지키기: 아빠가 임신을?

파란 세상에도 수컷이 새끼를 키우고 돌보는 생물이 있다. 해마는 아주 특별한 방식으로 암컷이 수컷 배에 있는 구멍(보육낭)에다 알을 넣으면, 이 알이 수정되어 부화할 때까지 수컷 배 속에 머문다.

수컷 배 속에서 알의 부화가 진행되고, 알에서 깨어난 새끼들이 마치 아빠가 새끼를 낳듯이 보육낭을 통해 파란 세상으로 나온다. 다만 캥거루처럼 어린 시절에 배 속을 들락거리며 살지는 않고, 한번 수컷 배 속에서 나오면 혼자서 파란 세상을 살아간다.

▼▼ 해마는 수컷이 알을 배에 간직하고 부화시킨다.

알 지키기: 부화할 때까지 알 곁에서

알을 낳은 후에 부화가 진행될 때까지 알을 지키고, 부화가 되면 일정기간 새끼들을 돌보기도 한다. 알을 지키는 일은 암컷과 수컷이 함께 하거나 암컷이나 수컷이 각자 진행 하기도 한다. 이들은 한시도 알 주변에서 떠나지 않고, 포식자가 다가오면 쫓아 보내거나 물어서 멀리 버린다. 다행히 알에서 깨어난 새끼들은 어미의 보호를 받으면서 일정 기간 성장하다가 적당한 시기에 파란 세상으로 떠난다.

▼▼ 자리돔이 알을 먹으러 오는 불가사리를 물어서 옮긴다.

탄생: 스스로 헤쳐 나가다

파란 세상에서 탄생은 부모에 의해 이루어지지만, 태어난 대부분의 생명체는 부모를 모른다. 어미는 알을 뿌리거나 바닥에 가지런히 올려놓거나 모래 속에 살짝 묻어 두거나 바위나 부착물에 붙여놓고 떠난다. 포식자에게 먹히지 않고 다행히 부화한 새끼들은 가족과 형제를 알아보지 못한 채 험난한 생존을 위해 노력해야 한다.

▼▼ 갓 태어난 오징어 무리가 물에서 헤엄친다.

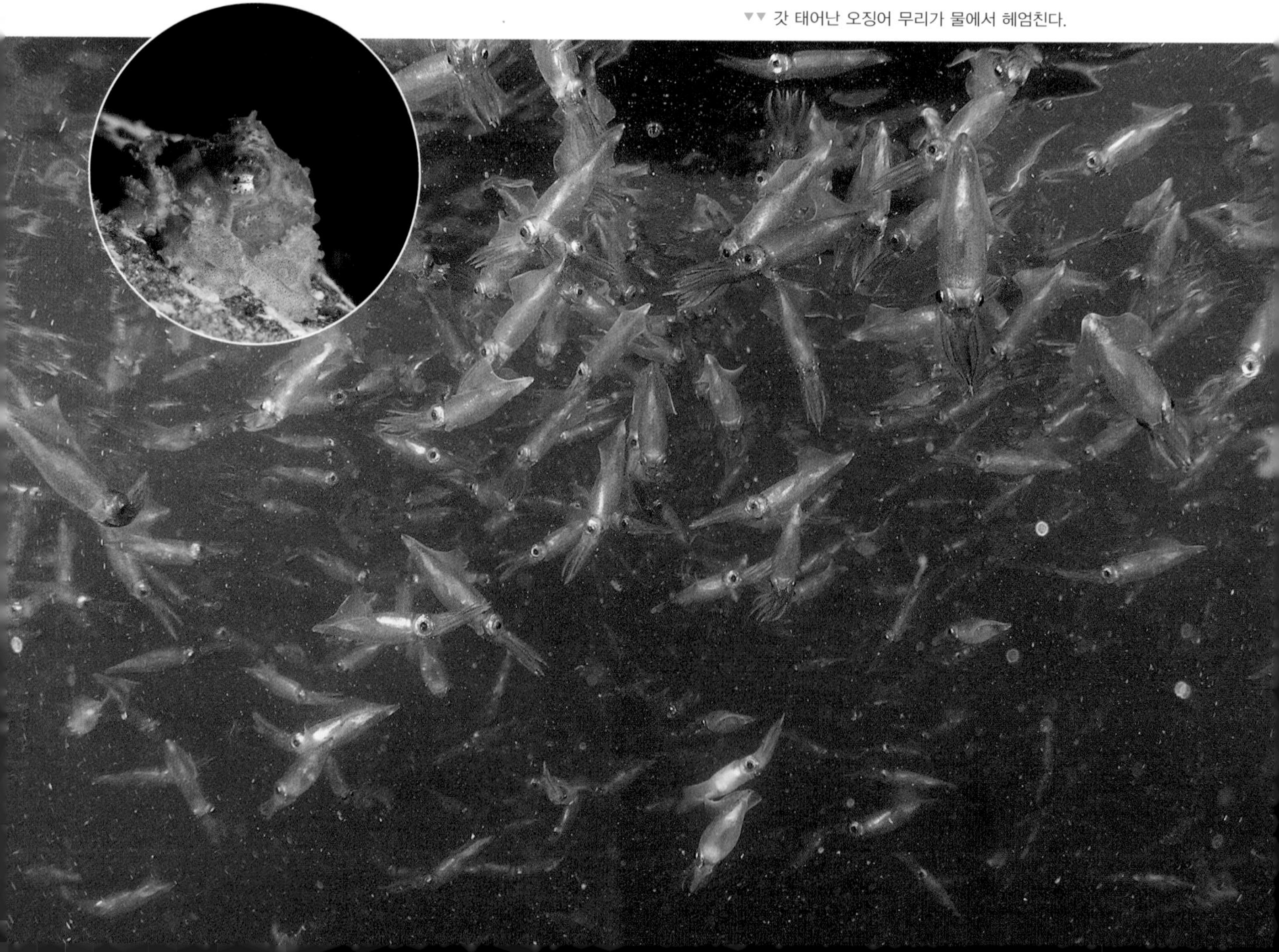

죽음

그리고 죽어간다. 생명체는 언젠가 죽는다. 파란 세상에서 죽음은 수명을 다하거나 질병으로 죽음을 맞이하기도 하지만, 번식을 위한 힘든 과정으로 지쳐서 죽은 생물도 많다. 대부분 생물은 포식자에게 먹혀 수명을 다하지 못한다.

최근 들어 파란 세상에서 겪지 못한 일들로 죽음을 맞이하는 해양생물이 늘어나고 있다. 인간이 저지른 오염 때문이다. 세상 어디에도 예상하지 못한 급격한 변화에 빠르게 대처하는 생명체는 거의 없을 것이다.

산란을 마친 도루묵이 죽어간다. ▶▶

03

살아가다

생존을 위해 에너지를 얻는 방법을 터득하다

삶에서 가장 중요한 것은 에너지를 확보하는 것이다. 살아 있다는 것 자체에 에너지가 필요하기 때문이다. 최초에는 지구 어디에서나 풍부한 무기물(각종 원소)과 빛을 혼합하여 필요한 에너지를 스스로 만들어 사용했다. 그러나 직접 만들어 사용하기보다 이미 만들어진 에너지를 흡수하는 방식을 터득하게 된다. 즉, '포식'을 시작했다. 다른 생명체를 취함으로써 좀 더 융합되고 고급화된 에너지를 수월하게 얻었다. 바다 생물에게 에너지 확보는 더욱 복잡하고 다양한 방식으로 진행되었다.

스스로 만들어 얻기: 광합성

최초로 출현한 생명체는 세상에서 가장 흔한 물질로 에너지를 만들었다. 바로 '광합성'이었다. 바닷물을 구성하는 물(H_2O) 그리고 바다 표면과 대기에 충분한 이산화탄소(CO_2)에 더욱 구하기 쉬운 빛으로 양분을 얻는 방식은 정말 획기적이었다. 지금도 지구에서 생존하는 생명체는 광합성이 가장 중요한 역할을 하며, 여전히 많은 생명체가 광합성 방식으로 생존한다.

파란 세상에도 눈에 보이지 않은 크기의 플랑크톤에서 10미터가 넘는 대형 해조류에 이르기까지 광합성으로 살아가는 다양한 생물이 있다.

▼▼ 해조류는 광합성 방식으로 에너지를 얻는다.

그냥 그대로

바닷물에는 많은 것이 포함되어 있다. 마치 바람에 날리는 꽃가루와 먼지처럼, 출렁이면서 흘러가는 물에도 다양한 것들이 섞여 있다. 물의 흐름을 잘 이용하면 가만히 있어도 필요한 먹이를 구할 수 있다. 처음에 해양생물은 스스로 먹이를 구하기 위해 애쓰기보다 물에 떠다니는 것들 중에서 먹이를 얻었을 것이다. 그냥 그 자리에 존재하면서 우연히 몸에 걸리는 것을 먹다가 점점 적응하면서 먹이를 더욱 많이, 수월하게 얻는 방법으로 진화했다.

몸 표면에 그물망처럼 촘촘하게 구멍을 내어 틈 사이로 물이 통과되면서 먹이가 될 만한 것이 걸러지게 했다. 몸에 걸린 먹이는 길게 늘어뜨린 가늘고 작은 실오라기가 달린 세포에서 적당한 크기를 끌어당겨서 흡수했다. 대표적인 생물이 해면이다. 신경, 근육, 감각기관이 없어 '살아 있다'고 확인하기 어려운 생물인데 촘촘하게 뚫린 구멍으로 물을 흡수하기 때문에 스펀지(sponge)라고 불린다. 아주 오래전부터 지중해 연안에서는 물을 머금는 기능을 이용하여 의료용품이나 청소도구로 사용했다.

해면 표면의 거친 피부와 작은 구멍에 먹이가 걸려 있다. ▶▶

그물을 치듯이

물 흐름을 통해 먹이를 얻는 데 재미를 알게 된 생물은 아예 그물을 치듯이 몸의 일부를 내밀어서 먹이가 붙기 쉬운 장치를 만들기 시작한다. 그물 같은 도구에 먹이가 잘 붙게 끈적끈적한 물질을 분비하거나 무언가 걸리면 그물에 감기듯 얽어매는 실타래를 피부에 만들어 먹이를 붙이는 방법을 개발했다. 도구에 먹이가 붙은 듯하면 몸 안으로 가져와 섭취한다.

다만 실타래 모양으로 돌출된 도구는 오히려 다른 포식자가 뜯어 먹기 좋은 먹잇감이 되면서 실타래 주변에 마치 센서와 같은 감각기관을 만들어 포식자가 접근하면 빠르게 거둘 수 있게 했다. 감각기관은 빛의 강도를 파악하는 방식으로 갑자기 어두워지는 것을 느끼다가 무언가 닿는 것을 느끼는 촉각으로 발달한다.

▼▼ 실타래갯지렁이가 촉수를 밖으로 내밀고 있다.

흡입하기

몸 밖에서 먹이를 얻어 몸속으로 가져오기보다 아예 바닷물을 몸속으로 통과시켜서 그 속에 포함된 먹이를 소화하는 방식을 고안한다. 몸속으로 끌어들인 물은 먹이를 걸러내고 이참에 아가미로 호흡까지 한다. 잘 알려진 생물이 조개다.

단단한 패각 사이로 마치 호스 같은 두 개의 관을 내밀어 한쪽으로 물을 흡수하고 다른 한쪽으로는 배출한다. 몸속에 물을 빨아들이는 방식은 펌프 같은 기능을 하는 기관이 있기보다는 밖으로 내민 관 주변에서 생성되는 모세관현상이 아주 작은 흡입력으로도 물을 몸속으로 끌어들인다. 또한 빨아들이고 내뱉은 물을 다시 흡입되지 않게 흡입구(입수관)의 반대쪽으로 배출구(출수관)가 틀어져 있는 것도 독특한 적응방식이다.

하지만 위협을 느끼면 두 관을 몸속으로 거두어들이고 패각을 닫는다. 이때 몸속에 생기는 압착으로 관 속에 걸러진 불순물을 밖으로 내뱉으면서 관을 청소하기도 한다. 우리가 즐겨 먹는 바지락 한 마리가 하루에 약 2리터의 물을 통과시킨다. 특히 멍게는 하루에 200리터라는 엄청난 물을 통과시켜 물속에 포함된 유기물과 불순물을 걸러내어 물을 정화하기도 한다.

멍게는 물을 통과시키기 위해 구멍을 크게 벌린다. ▶▶

갉아 먹기

파란 세상에도 초원의 풀벌레처럼 초식동물이 살아간다. 이들은 입 주변에 가위와 같이 잘게 부수는 기관이 발달해 마치 메뚜기가 벼를 갉아 먹듯이 대형 해조류를 갉아 먹을 수 있다.

덧니 같은 구조의 앞니가 발달해 새순이나 잎이 얇은 부분을 마치 따먹듯이 잘라 먹기도 하고, 입 주변에 마치 날이 여러 겹인 면도기 같은 역할을 하는 '치설(齒舌)'이라는 기관을 아래위로 움직이면서 해조류 표면이나 가장자리를 잘라낸다. 특히 마치 인형뽑기의 집게처럼 생긴 성게 이빨은 끝부분이 삼각형이라 갉아 먹는 것은 물론, 가장자리부터 잘라 먹기에도 능숙하다.

성게가 이빨을 드러내며 입을 벌리고 있다. ▶▶

긁어 먹기

갯바위에 서식하는 고둥은 표면을 얇게 덮은 아주 작은 해조류를 먹을 수밖에 없어 결국 갉아 먹는 방식에서 바위를 긁어 먹는 방식으로 전환한다. 바위를 오랫동안 긁어대면 마찰이 일어나 치설에 손상을 입을 수 있어서 이들은 '침'처럼 윤활유와 같은 역할을 하는 물질을 분비하기도 한다.

이 분비물은 암반에 붙은 유기물도 동시에 녹이는 염산과 같은 성분의 산성 물질이다. 고둥류가 암반을 긁어대는 역할은 생각보다 대단하다. 2센티미터 크기의 작은 고둥 무리가 15년 동안 약 1센티미터에 이르는 바위를 마모시켰다는 기록이 있다. 물론 바위의 강도에 따라 마모되는 깊이 차이가 나타날 수 있다.

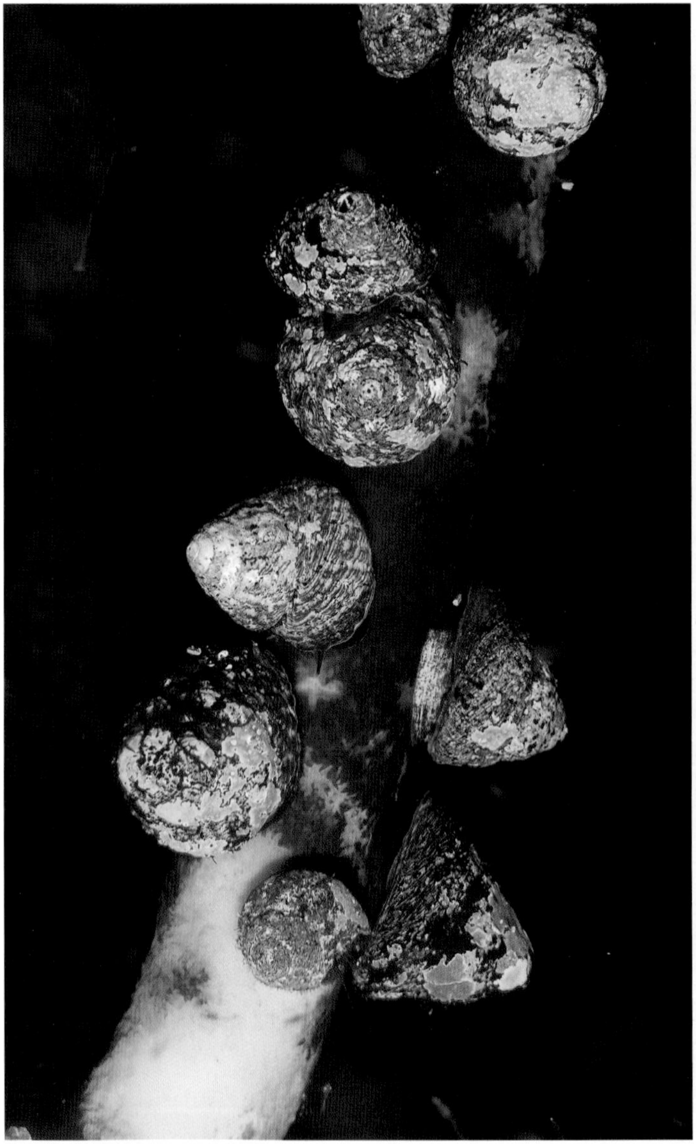

바위를 긁어 먹은 고둥의 흔적 ▶▶

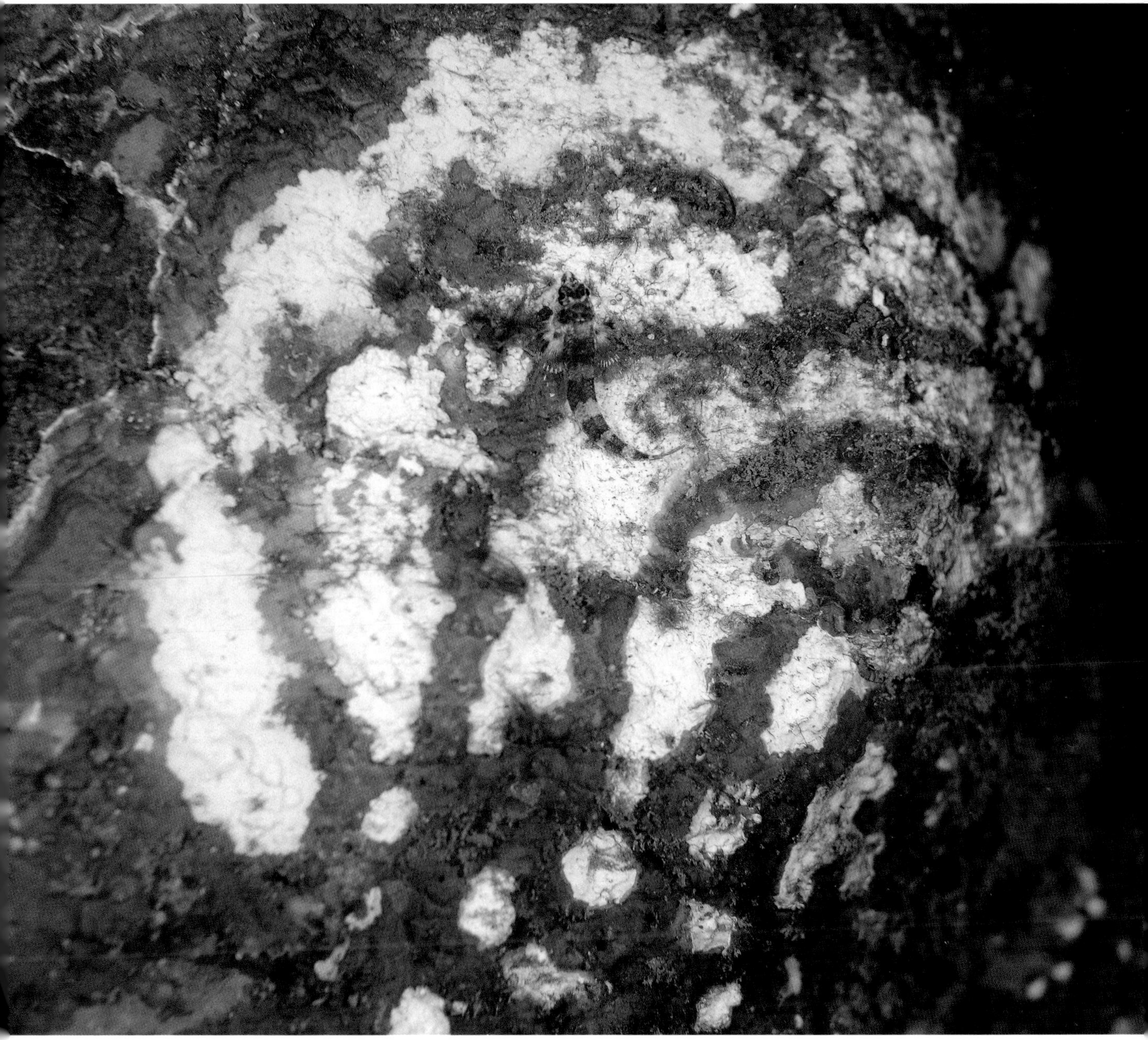

훑어 먹기

파란 세상은 육상과 경계를 이루는 해안선에서 수심 1만 미터에 이르는 해구에까지 그 어디든 바닥이 존재한다. 바닥은 암반이나 고운 모래, 펄로 구성된다.

펄이나 모래로 이루어진 바닥에는 물에 따라 떠내려 오거나 가라앉은 다양한 유기물 조각들이 붙어 있다. 이런 것들 역시 바닥에 사는 생물의 중요한 먹이가 된다. 기어 다니면서 먹이를 직접 흡입하거나 펄 속에 숨어서 밖으로 혀처럼 생긴 기관을 길게 내밀어 펄을 훑어 먹기도 한다. 이때 먹이를 찾는 기관에 펄보다 더 끈적한 물질을 분비하여 다양한 조각들이 쉽게 붙도록 한다.

펄이나 모래를 흡입하는 대표적인 동물은 해삼류다. 기어 다니면서 표면을 모두 훑어 먹고, 몸속에서 유기물만 골라서 녹인 후에 나머지는 다시 배설한다. 열대지방에 사는 대형 해삼의 경우 한 마리가 하루에 훑어 먹는 모래가 약 200그램으로 냉면 그릇에 담을 정도이다.

해삼은 촉수로 모래나 펄을 훑어 먹는다. ▶▶

구멍 뚫기

아무리 강한 방패에도 더욱 날카로운 창을 이길 수 없듯, 해양에서 패각이나 갑각에 구멍을 뚫어서 먹이를 구하는 생물이 있다. 손톱으로 오랜 시간 긁으면 페인트가 벗겨지듯이 치설이나 이빨로 한구석을 계속 강한 산성 물질을 뿌리면서 흠집을 낸다. 뚫린 구멍 속으로 산성 물질이 들어가면 살이 녹는데 이것을 마치 주스처럼 빨아 먹는다.

해안가를 걷다 보면 마치 드릴을 사용한 듯 정교한 구멍이 뚫린 조개 껍데기들을 볼 수 있다. 관심 있다면 모양이 같은 조개 껍데기는 뚫린 구멍 위치가 모두 같은데, 바꿔 말하면 조개 종류마다 위치가 다름을 발견할 수 있다. 구멍이 뚫린 곳에는 영양분이 가장 많은 내장이 자리 잡고 있다. 껍데기를 여닫는 근육보다는 내장이 부드러워 살을 녹이기 수월하다는 것을 포식자가 알고 있기에 두터운 껍데기 위에서 내장이 위치한 부분을 탐색하여 구멍을 뚫는 것이다.

대수리가 홍합 껍데기에 구멍을 뚫고 있다. ▶▶

끝까지 기다리기

파란 세상에도 인내심으로 살아가는 해양동물이 있다. 모래 속에 살짝 몸을 숨기거나 해조류의 엽체(잎)와 같은 모습으로 줄기에 붙어 있거나 바위에 붙어서 꼼짝하지 않고 먹이를 포획할 순간을 노린다. 먹이가 다가오기를 기다리는 오랜 인내를 보상받기라도 하듯 대부분 한 번의 공격으로 백발백중으로 먹이를 포획한다.

주로 바닥 부근에 살면서 이동이 자유롭지 못한 생물의 생활 방식이라 할 수 있으며, 턱이 강하고 크게 벌어져 자기 몸집보다 큰 먹이도 삼킬 수 있다.

돌고기가 바위와 같은 모습으로 먹이를 기다린다. ▶▶

마취시키기

슬며시 접근하여 먹이를 둘러싼다. 그리고 무언가를 먹이의 몸속으로 주입한다. 먹이 생물은 강한 몸부림으로 포식자에게서 충분히 탈출할 듯하지만, 갑자기 축 처진 모습을 보인다. 완전히 저항하지 못하게 먹이를 감싸고 있다가 천천히 먹어 치운다.

해양생물은 종마다 다양한 화학물질을 지니고 있다. 강한 독이나 근육을 마비시키는 물질을 가진 생물도 있는데, 몸에서 발사하는 침이나 입에서 내뱉는 타액으로 먹이 생물의 반항을 잠재우는 물질을 전달한다. 청자고둥의 '프리알트(prialt)'라는 물질은 대표적 진통제인 모르핀보다 수백 배 더 강한 진통 효과가 있는 것으로 알려져 최근에 의료용품으로 사용되기도 한다.

▼▼ 청자고둥이 먹이를 기다리고 있다.

부수기

강한 앞니로 먹이를 물어 버리기보다 단단한 껍질을 아예 부숴 버린다. 가시가 많이 돋힌 성게마저도 가볍게 앞니로 가시를 뽑고 단단한 껍질을 씹어 버린다.

산호초 지역에 사는 앵무고기는 부드러운 산호 폴립을 먹으려고 산호를 마치 호두를 이빨로 깨부수듯이 앞니로 씹어 속살을 먹어 치운다.

복어류 중 몇몇 종은 강한 이빨로 갑각류 등을 씹은 다음 살을 먹어 치우거나 심지어 같은 종의 꼬리를 씹어 버리기도 한다. 이런 습성을 지닌 복어를 양식할 때 서로 상처를 입히는 것을 방지하기 위해 미리 복어를 잡아서 이빨을 잘라주어야 한다.

복어가 이빨을 드러내고 있다. ▶▶

위를 몸 밖으로 내어 소화하는

불가사리는 아예 위가 몸 밖으로 나와 먹이를 소화한다. 움직임이 둔한 먹이를 발견하면 은밀히 다가가서 몸을 감싸면 위가 몸 밖으로 나와 염산과 같은 산성 물질을 분비하여 붙잡고 있는 먹이의 살을 소화할 수 있게 녹인 다음 흡수한다.

불가사리는 소화할 수 있는 양분만 흡수하기 때문에 창자와 같은 별도의 소화기관이 없고, 심지어 항문도 발달되어 있지 않다. 먹이를 깔끔하게 흡수하면 다시 위를 몸속에 챙겨 넣고 유유히 사라진다.

▼▼ 위를 드러낸 왜주름불가사리가 별불가사리를 먹고 있다.

쏘기

무기를 사용하여 먹이를 직접 공격하기도 한다. 마치 벌의 침과 같은 '자포'라는 기관을 지닌 동물로 산호, 말미잘, 해파리 등이 포함되어 있다.

자포는 고래를 잡는 포경선의 작살처럼 생겨 외부로부터 피부에 자극을 받으면 자포를 쏘아 먹이를 찌른 뒤 길게 이어진 줄(자사)로 먹이를 촉수 쪽으로 슬며시 끌어온다. 특히 독이 있는 자포에 찔리면 마비되거나 사망에 이른다.

촉수 주변 세포마다 자포가 하나씩 있지만 수많은 세포에서 동시에 자포가 발사되므로 마치 기관총처럼 집중 공격을 하게 되므로 몸집이 큰 생물이라도 감당할 수 없는 상황에 이른다. 심지어 사람도 눈에 보이지 않는 크기의 작은 자포가 집중적으로 살에 박히기도 하는데, 불산호에 닿으면 기절할 정도로 충격이 강하다. 자포에 방어하려면 물속에서 활동할 때는 반드시 잠수복을 입고, 장갑을 끼어야 한다.

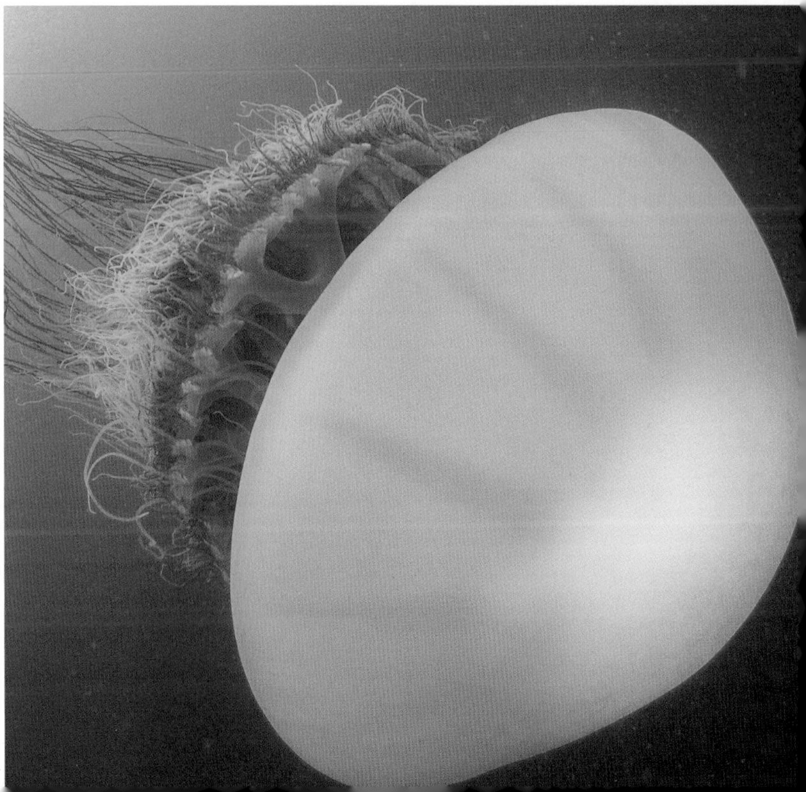

노무라입깃해파리는 대표적인 자포동물에 속한다. ▶▶

찌르기

창처럼 길고 뾰족한 침으로 빠르게 찌르는 생물도 있다. 둥글게 말린 패각에 있는 작은 구멍 속에 창처럼 생긴 침을 보관하고 있다가 먹이가 접근하면 빠르게 찌른다. 마치 전쟁터에서 방패 사이로 창을 감추고 적이 다가오면 창을 내밀어 찌르는 장면이 비슷하다. 이때 침 끝에 강력한 독이 묻어 있어 침에 찔리면 바로 마비되거나 심지어 죽기도 한다.

이러한 무기를 지닌 고둥류는 모래 속이나 바위에 숨어 지내기보다 대낮에도 몸을 노출한 채로 유유히 기어 다닌다. 이빨로 패각을 부수거나 몸을 감아서 질식시키는 포식자들도 이들을 함부로 공격하지 않는다.

고둥류는 작은 구멍 속에 독이 있는 침을 보관한다. ▶▶

삼키기

가장 빠른 공격 방법이라고 할 수 있다. 그냥 삼켜 버린다. 먹이를 발견하면 가만히 노리면서 거리를 유지하다가 순식간에 몸보다 크게 입을 벌려서 몸속으로 넣어 버린다. 그리고 아무 일도 없었듯 태연한 모습이다. 입을 자신의 몸집보다 두 배 이상인 먹이도 삼켜 버릴 수 있을 정도로 크게 벌려 간혹 너무 큰 먹이를 삼키다가 턱과 목에 걸리기도 하고, 제대로 삼키지 못해 곤혹을 치르기도 한다.

큰 입으로 마치 국자로 건더기를 떠서 삼키듯 먹이뿐 아니라 주변의 바닷물을 동시에 한 입 가득 문 다음 물을 빼내고 건더기만 걸러서 삼키기도 한다.

곰치는 순식간에 입을 크게 벌려 먹잇감을 몸속으로 넣는다. ▶▶

물어뜯기

가장 두려운 포식 방법이다. 강한 이빨로 먹이를 물어뜯는다. 한 번에 삼킬 수 없는 먹이를 물려면 턱과 이빨이 강해야 한다. 강한 턱으로 웬만한 뼈를 자를 수 있고, 이빨은 먹잇감이 한번 걸리면 빠져나가지 못하게 안쪽으로 휘어진 갈고리 형태이다. 이러한 구조는 일단 물어 버리면 이빨에 걸리기 때문에 스스로 먹이를 놓아 주기도 힘들다. 먹이를 물었다가 이빨에 뼈처럼 잘리지 않는 부위가 걸리면 이를 떼어내려고 몸을 좌우로 심하게 흔들다가 이빨이 빠져 버리기도 한다.

상어는 성장하면서 이빨이 입 안쪽에서 한 줄씩 자라면서 기존의 이빨을 밖으로 밀어내기 때문에 나이가 많은 상어는 이빨이 여러 줄이다. 게다가 오래된 이빨은 덧니처럼 턱 밖으로 밀려나기도 하여 입을 다물지 못할 정도로 턱 주변에 이빨이 돋아 있다.

상어가 먹이를 찾으러 유유히 헤엄친다. ▶▶

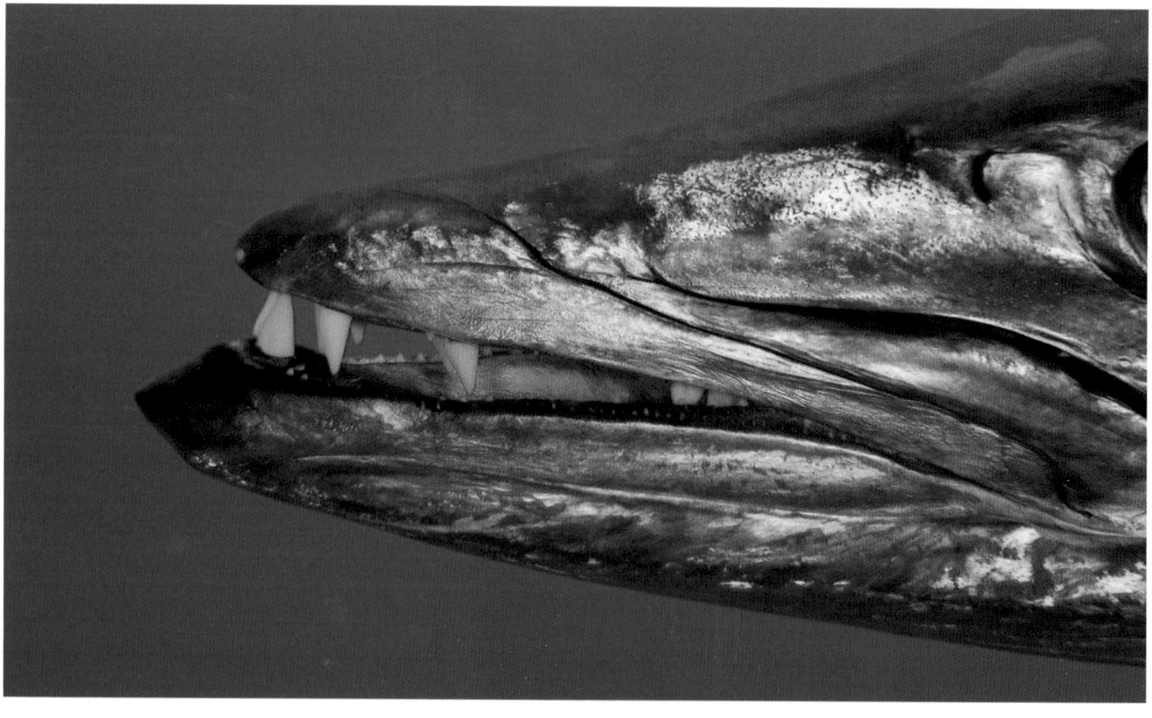

임대료 받기

직접 먹이를 구하기보다 공간을 제공하여 세를 받듯 양분을 얻는 동물도 있다. 산호이다. 몸속에 광합성을 하는 플랑크톤이 살 수 있게 공간을 만들어 주고, 플랑크톤이 만든 포도당을 섭취한다. 심지어 단단한 산호 외벽을 형성하는 원료도 플랑크톤이 배설하는 물질에서 얻는다. 물론 산호도 직접 먹이를 얻기도 한다. 앞에서 소개했듯 자포로 작은 생물을 잡아서 영양분을 보충한다.

산호는 서식하는 위치에 따라 몸속에 살아가는 플랑크톤의 양이 다르다. 햇빛을 충분히 받을 수 있는 수면 부근에 서식하는 산호의 몸속에 플랑크톤이 좀 더 많이 있으며, 수심이 깊어질수록 플랑크톤보다는 스스로 자포를 사용한 먹이활동이 상대적으로 발달한다.

투명한 연산호에 붉은색 플랑크톤이 서식한다. ▶▶

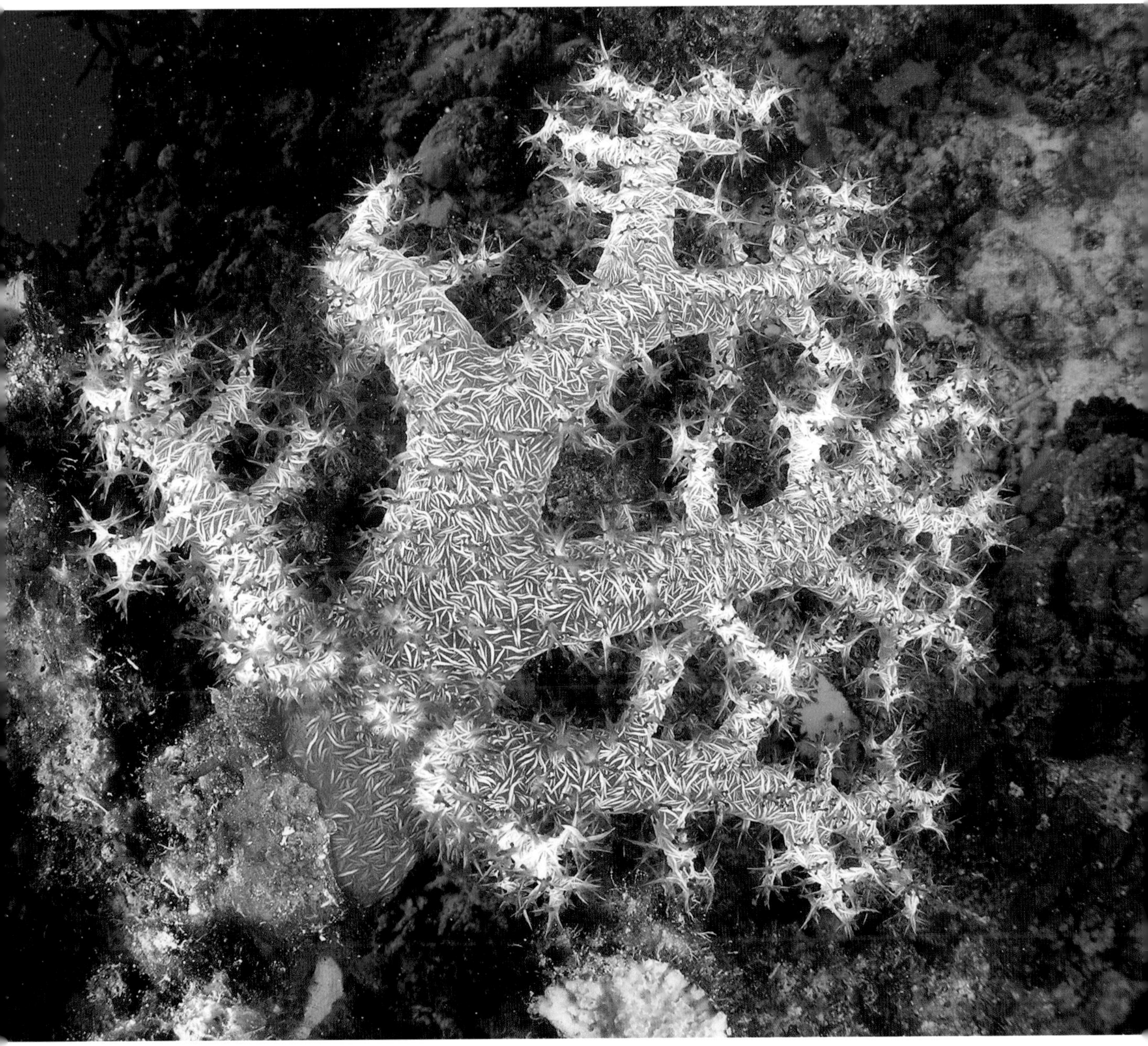

마치 청소하듯

먹이를 확보하기 위해 사냥을 하려면 나름 긴장된 준비가 있어야 한다. 또한 살아 있는 생물을 섭취하는 것은 그 생물을 죽여야 하는 행위로, 살기 위해 발버둥 치는 먹잇감의 저항을 이겨내야 한다. 차라리 죽은 생물에서 먹이를 구하는 해양생물들이 있다. 썩은 사체를 먹는다고 하여 '부식성(腐食性)' 생물이라고도 하지만, 실제로 썩은 생물보다는 죽어가는 생물이나 죽은 지 얼마 되지 않은 부패가 진행되기 전의 먹이를 선호한다.

생명체가 죽으면 미생물에 의해 부패가 진행되는데, 이전에 더 빠르게 유기물을 처분하기 때문에 '바다 청소 생물'이라고 한다. 대부분 청소 역할을 하는 생물들은 하이에나처럼 집단행동하는 모습을 보인다. 이들은 피를 흘리듯 죽어가는 생물에서 나오는 물질을 탐지하여 모이는 것이지, 서로 연락을 취하는 조직적으로 집단생활을 하는 것은 아닌 듯하다.

▼▼ 왕좁쌀무늬고둥이 죽어가는 조개에 모여 있다.

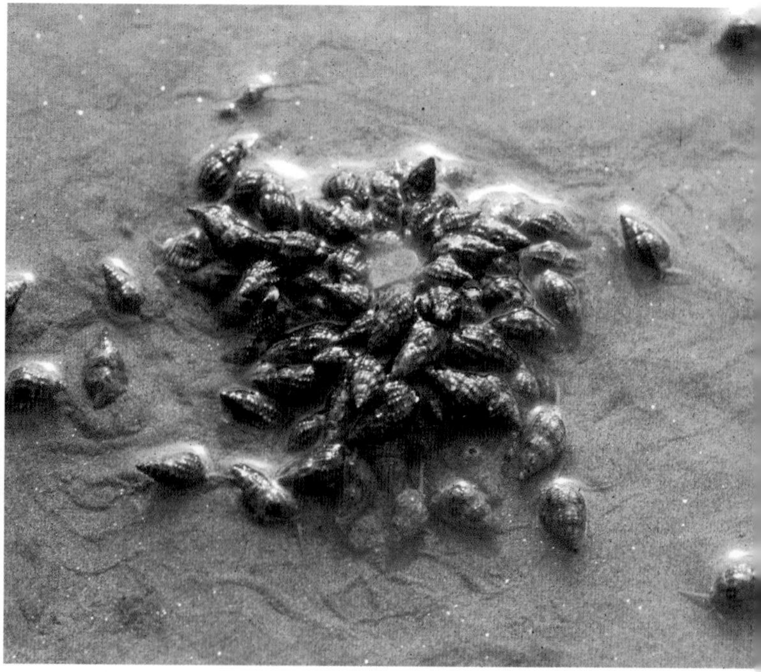

그리고 영양 균형을 위한 노력

생태계를 구성하는 생물을 선호하는 먹이 종류에 따라 '먹이사슬'이라는 용어로 정리하고 있다. 자연에서의 무기물로 유기물을 만드는 초본식물로 시작하여 이러한 초본식물을 먹는 초식성, 초식성 생물을 잡아먹는 육식성, 식물과 동물을 먹는 잡식성으로 구분한다. 하지만 초식성이라고 완전히 식물만 먹지 않는다. 모든 생물은 자연으로부터 다양한 양분을 얻어야 하기 때문에 한 종류의 먹이만을 고집한다면 생존에 필요한 모든 영양분을 얻을 수 없다. 즉 편식을 하지 않는 것이다. 예를 들면 해양에서 초식성 생물이 해조류만을 섭취하는 것이 아니라, 바위를 긁어 미네랄을 섭취하기도 하고, 심지어 죽은 동물의 사체를 먹기도 한다. 물속에 포함된 다양한 성분의 물질을 섭취하는 하는 것이 생존에서 가장 중요한 방식이라 할 수 있다.

▼▼ 초식성 둥근성게가 죽은 오징어를 먹고 있다.

04

살아남다

파란 세상에서 살아남아야 한다

생명을 유지하기 위한 수단으로 저마다 주어진 환경에 적응하고, 주변을 경계하려는 수단을 다양하게 발전시켜 왔다. 그중에 포식당하지 않으려고 다양한 방식의 방어 수단을 고안하거나 모습을 감추기 위한 위장이나 은신을 선택했다.

방어: 갑옷으로 무장하기

파란 세상에서 잘 알려진 방어 수단 중 하나가 피부를 단단한 껍데기로 둘러싸는 방법일 것이다. 바닷물에 포함된 풍부한 미네랄을 이용하여 패각이나 갑각으로 몸 밖을 둘러싼다면, 포식하기 어려워져 움직임이 빠르지 않아도 생존을 유지할 수 있었다.

물속에 무한대로 녹아 있는 탄산칼슘은 화학 변화를 일으키는 생리 활동으로 간단하고도 신속하게 골격을 만들 수 있다. 에너지 소모도 매우 적고 일단 골격이 형성되면 제법 단단하다. 칼슘이 쌓이면 몸이 무거워지지만 바다처럼 중력의 영향이 작은 환경에서는 오히려 칼슘이 누름돌 역할을 하여 물속에서 지내기에 적합한 형태로 바뀐다. 다만 성장하면서 조개처럼 서서히 자라는 구조도 있지만, 갑각류와 같이 복잡한 몸 구조를 둘러싸고 있다면 성장할 때마다 껍데기를 벗어내야 한다. 즉 탈피라는 과정을 거쳐 단단한 껍데기를 벗어내고 몸에 맞는 갑옷을 다시 만들어 입는다.

코코넛게는 전혀 빈틈이 없이 갑각으로 무장한다. ▶▶

방어: 몸에 방어벽 설치하기

파란 세상에 단단하게 몸을 둘러싼 껍데기를 깨부수는 포식자가 등장한다. 생물은 또 다른 방법으로 보완해야 했다. 껍데기에 가시를 세운다. 단단한 가시를 몸을 둘러싸듯이 세워 포식자가 씹거나 몸을 감싸서 질식시킬 수 없게 한다. 그러나 몸 구조가 복잡하면 거추장스러워져 물의 흐름에 따른 활동이 자유롭지 못하다. 이러한 어려움을 극복하기 위해 가시가 상하좌우로 움직이는 진화가 이어진다.

가시복어는 평소에는 가시를 가지런히 눕혔다가 위협을 느끼면 피부를 자극해 가시를 곧추세운다. 성게도 가시를 일정 각도로 움직일 수 있다. 다만 단단한 껍데기에 있어 가시를 재빨리 움직이는 데 한계가 있다. 이러한 약점을 알아차린 포식자가 등장하면서 성게는 가시가 결코 완전한 방어 수단이 되지 못한다고 생각했는지 야행성 동물로 삶의 전략을 바꾼다.

가시복어는 위협을 느끼면 가시를 세운다. ▶▶

방어: 남의 껍데기 이용하기

분명 소라인 듯한데 빠르게 걸어 다닌다. 집게이다. 갑각류이지만 몸 전체가 껍데기로 둘러싸여 있지 않다. 머리와 다리만 단단하고, 몸은 부드러워서 무언가에 숨기지 않으면 포식당하기 쉬운 구조이다. 다행히 부드러운 피부 마디마다 갈고리 같은 구조로 되어 있어 고둥 껍데기로 들어가면 빠져나가지 않도록 붙잡아 준다.

집게는 몸에 맞는 껍데기를 찾아 뒤집어쓰고 다니다가 몸집이 커지면 주변에서 몸의 크기와 맞는 빈 껍데기를 찾아 바꾸는 것이 삶에서 중요한 일이다. 구멍 크기도 중요하지만 껍데기의 무게나 모양을 살펴 신중하게 고른다.

집게가 묵직한 고둥류 껍데기를 선택했다. ▶▶

방어: 무기인 듯하지만 무기가 아닌

게는 단단한 갑각과 커다란 집게발로 대표되는 해양 생물이다. 커다란 집게발은 마치 손가락을 자를 수 있을 만큼 강한 무기로 보인다. 물론 물리면 통증이 심할 정도로 눌림이 강력하고, 심지어 나무젓가락을 부러뜨릴 정도로 강력한 종류도 있다. 하지만 위협적인 모양에 비해 쓰임새가 가위처럼 무언가를 잘라내거나 빠르게 낚아챌 만큼 민첩하지 못하다.

집게발의 역할은 먹이를 잡고 있거나 눌러서 움직이지 못하게 하거나 구멍 속으로 먹이를 끌고 다니는 정도이다. 오히려 크게 휘저어 암컷으로부터 자신의 위치를 알리거나 살아가는 공간을 지키기 위해 수컷 간에 싸움을 벌이는 데 주로 사용한다. 싸움에서도 상대방을 붙잡는 능력보다는 마치 몽둥이를 휘두르듯이 집게발을 휘둘러 위엄을 과시한다. 그러다가 부러지거나 떨어져 나간 집게발은 탈피 과정에서 같은 모습으로 재생한다.

꽃게가 경계심을 보이며 집게를 세우고 있다. ▶▶

방어: 찌르기

몸에 가시가 많으면 파란 세상에서 살아가는 데 불편할 수 있다. 가장 최소한으로 단단한 가시 하나로 몸을 방어하는 방식이 오히려 적절할 것이다. 가오리다. 꼬리지느러미 부분에 가시 하나가 살짝 숨겨져 있다. 특이하게 가늘고 기다란 가오리의 꼬리지느러미는 헤엄칠 때 주로 방향타 같은 역할을 하도록 육상 포유류의 꼬리처럼 상하좌우로 움직일 수 있다. 지느러미를 움직이면서 돋아 있는 가시가 몸 전체를 방어할 수 있다.

강한 독이 있는 가시에 찔리면 통증뿐 아니라 목숨을 잃을 수도 있다. 사람도 예외가 아니다. 가오리가 유유히 헤엄치거나 모래사장에 있을 때는 가시가 꼬리지느러미와 나란히 가지런하게 있어서 눈에 쉽게 띄지 않는다.

▼▼ 노랑가오리 꼬리에 가시가 보인다.

방어: 찔리기

파란 세상에서 몸에 독을 지닌 생물은 헤아릴 수 없을 정도로 많다. 독이 있는 부위는 대부분 몸에서 흘러나오기보다는 지느러미나 몸에 돌출된 부분에 마치 철창처럼 날카로운 가시와 연결되어 있다. 주로 움직임이 더딘 생물에 이러한 구조가 발달되어 있다. 살아가는 데 믿는 구석이 있는 것이다. 포식자들도 이미 독을 지닌 생물을 잘 파악하고 있다. 오랜 세월에 걸친 경험으로 유전자가 위험한 동물을 인식하고 있는 듯하다.

맹독을 지닌 대표적인 어류는 쏠배감펭이다. 가시에 스치기만 해도 기절하거나 사망할 정도로 독성이 강하다. 헤엄치는 모습이 깃을 펼친 공작과 같은 모습이다. 지느러미를 넓게 펼치고 느긋하게 헤엄을 치면 마치 그늘인 듯 지느러미 아래로 접근하는 작은 물고기를 순식간에 삼켜 버린다. 심지어 지느러미에 스쳐 기절한 먹이를 잡아먹기도 한다.

▼▼ 쏠배감펭은 지느러미 전체가 맹독을 지닌 가시로 되어 있다.

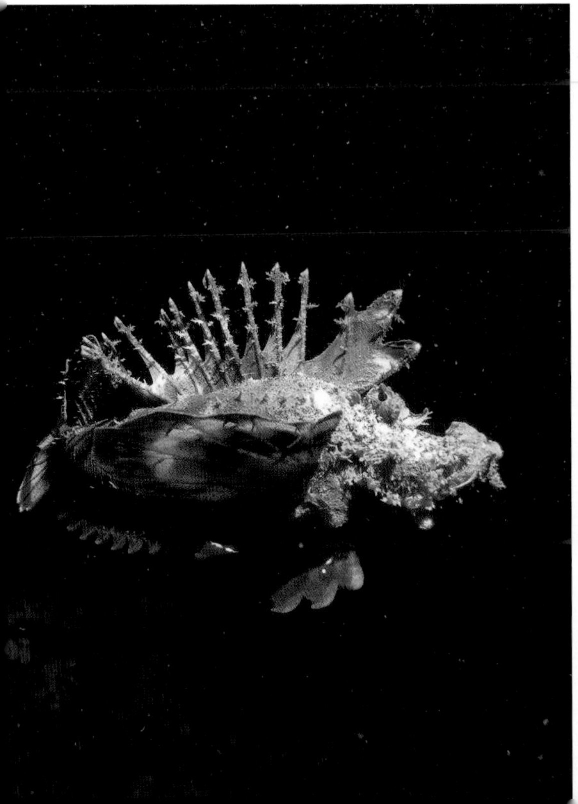

방어: 남의 무기가 내 무기로

하늘거리고 힘없이 생긴 데다 몸을 보호하는 패각도 없이 파란 세상을 기어 다니는 작은 달팽이가 있다. 갯민숭달팽이다. 누가 보아도 한입에 먹어 치울 만큼 좋은 먹잇감처럼 보이지만 아무도 이들을 거들떠보지 않는다. 산호 주변이나 히드로충류와 같은 자포동물 주변을 기어 다니면서 산호나 히드로충의 자포가 있는 촉수를 먹어 치운다. 이들은 자포를 소화하지 않고 피부로 가져와 무기로 사용한다. 즉 자포동물의 무기로 자신을 보호하는 것이다. 문제는 가져온 무기의 수명에 있다. 자포를 먹어 치운 후에 4~5일이 지나면 자포를 발사하는 장치가 몸속에서 녹아내려 무기로 사용할 수 없다. 물론 생존을 위해 먹이를 계속 섭취해야 하지만, 무기를 지니려면 계속 촉수를 먹을 수밖에 없다.

갯민숭이는 하늘거리고 힘없는 모습이지만 침을 지니고 있다. ▶▶

방어: 연막작전

문어나 오징어가 먹물을 뿌리는 모습은 잘 알려져 있다. 포식자가 나타나거나 갑자기 위협을 느낄 때 도망치듯 헤엄치면서 동시에 분사기처럼 검은 물을 내뿜는다. 마치 연막탄을 터뜨리듯 상황을 혼란스럽게 한 뒤 빠져나간다.

하지만 파란 세상에서는 연막작전은 큰 의미가 없다. 대부분 해양동물은 육상생물처럼 시력이 발달되어 있지 않기 때문이다. 오히려 검은 먹물에는 마취제 성분이 약간 있고 스컹크가 내뿜는 악취와 같은 독한 냄새가 포함되어 있어 근처를 지나가는 경우 잠시 정신이 흐릿해지는 효과가 나타난다. 다만 우리가 그 냄새를 맡지 못하기 때문에 먹물을 연막작전의 효과로 이해할 뿐이다. 실제로 물속에서 뿜어내는 먹물을 자세히 보면 주위를 온통 검게 물들 정도로 확산되지 않음을 알게 될 것이다.

작살에 찔린 문어가 먹물을 내뿜는다. ▶▶

mares

방어: 방어막 설치

단단한 패각이 있으면서도 이것으로 안심하지 못하는 고둥류가 있다. 특히 몸을 감싸고 있는 패각은 단단하기만 하고 신경이나 감각기관이 없어 패각 쪽을 공격해 오면 인식할 수 없다. 이러한 상황에 대비하기 위해 감각기관이 있는 얇은 막으로 패각 전체를 둘러싸 마치 레이더로 감시하듯이 몸을 경계한다.

불가사리 등 포식자가 접근하여 패각에 닿으면 빠르게 살을 몸속으로 움츠리면서 독한 냄새가 나는 물질을 분비하여 잡아먹히기보다는 포식자가 도망가게 한다.

패각 표면이 얇은 막으로 둘러싸여 있다. ▶▶

방어: 점액질 바르기

몸에 크림을 바르듯 주기적으로 표면에 점액질을 분비한다. 마치 투명한 랩으로 덮어놓은 듯하다. 몸을 청결하게 유지하고, 외부환경의 변화에서 몸을 보호하기 위해 주기적으로 점액질을 교환한다. 즉, 산호는 표면에 퇴적물이나 무기질 불순물이 쌓이면 광합성이 어려워져 주기적으로 점액질을 거둬내고 새롭게 다시 분비한다.

특히 얕은 곳에 사는 산호는 썰물 때 몸의 일부가 물 밖으로 노출되기도 하는데 이때 대량의 점액질을 분비하여 피부를 보호한다. 열대 바다 해삼은 비가 내려 염분 농도가 낮아질 때에도 점액질을 분비한다. 점액질은 탄수화물이나 단백질이 연결된 고분자로 되어 있어 역할을 끝내고 벗겨지는 점액질은 미생물이나 다른 작은 생물의 먹이가 된다.

점액질은 해양동물뿐만 아니라 해조류에도 생성되는데 특히 미역, 다시마와 같은 대형 갈조류는 해양 초식동물에게 먹히지 않기 위해 쓴맛이 나는 '폴리페놀' 성분의 점액질을 분비하여 스스로를 방어한다.

갯벌에 노출된 망둑어류는 비늘보다 점액질로 피부를 보호한다. ▶▶

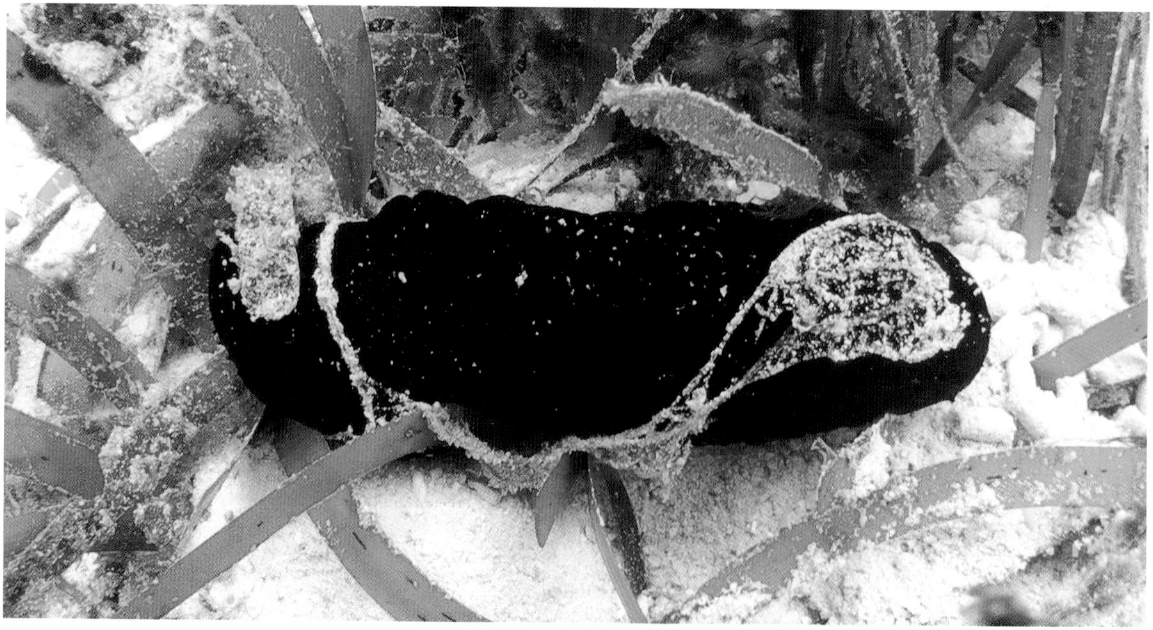

위장: 겁주기

파란 세상에서 포식자들도 자기보다 큰 먹이는 쉽게 공격하기 어려운가 보다. 몸은 작지만 마치 크게 느껴지도록 몸에 무늬를 만드는 방법을 사용하기도 한다. 실고기는 지느러미 전체에 동그란 무늬를 만들어서 마치 눈으로 오해하게 하기도 한다.

심지어 지느러미에 커다란 무늬가 있어서 위협을 느끼면 지느러미를 활짝 펼쳐서 포식자를 놀라게 한다.

지느러미를 펼쳐서 눈처럼 둥근 무늬를 드러낸다. ▶▶

위장: 몸 부풀리기

위급할 때 아예 몸을 부풀리기도 한다. 물을 잔뜩 머금어 헤엄치기도 힘든 복어의 모습이 우습고 친근감이 있지만 이 역시 생존을 위한 전략이다. 동그랗게 몸을 부풀리면 포식자가 물어 버리기도 힘든 구조라 포식자가 삼키는데 부담을 느끼게 된다.

특히 파란 세상에서 몸을 공처럼 동그랗게 부풀리는 것은 독특한 생존 전략이다. 물을 잔뜩 머금는 행동은 복어의 삶에 영향을 미칠 정도이며, 이때 피부가 팽창하면서 얇은 근육이 갈라지거나 실핏줄 등이 터지기도 한다. 한 번 몸을 부풀려 위험을 모면한 복어는 다시 몸을 부풀기가 어렵다.

복어는 독을 가진 것으로 유명한데, '테트로도톡신(Tetrodotoxin)'이라는 성분은 청산가리보다 수백 배 강한 맹독성 물질이다. 이 물질은 가열해도 쉽게 분해되지 않아서 끓여 먹어도 위험하다.

▼▼ 위협을 느꼈는지 몸을 부풀리려고 한다.

위장: 치장하기

파란 세상에도 자신을 치장하는 해양생물이 있다. 물론 예쁘게 보이기보다는 포식자로부터 모습을 숨기기 위한 생존 수단이다. 물맞이게는 작은 해조류 조각을 거칠게 솟아 있는 입 수변의 갑각이나 다리 마디에 꽂아 마치 해조류가 자라는 곳의 돌멩이와 같은 모습으로 위장한다. 이런 행위는 집게발을 사용하여 진행하는데, 해조류가 귀한 열대 바다에서는 해면이나 연산호를 붙이기도 한다.

이러한 행동은 성게에서도 볼 수 있다. 낮 동안 포식자로부터 몸을 숨길 만한 공간을 찾지 못했을 때 해조류 조각을 가시 위로 덮어 숨기도 한다. 간혹 먹이를 구하지 못하면 덮고 있던 해조류를 비상식량으로 사용하기도 한다.

전혀 모습을 알아채지 못할 정도로 연산호를 몸에 붙이고 있다. ▸▸

위장: 같은 색으로 살기

가장 위장하기 좋은 방법은 살아가는 환경과 같은 모습이나 색을 띠는 것이다. 산호나 해조류에서 먹이를 구하면서 몸이 서식처와 같은 색을 띠면 포식자의 눈에 띄기 어려울 것이다. 실제로 파란 세상의 생물은 명확히 색을 구별할 수 있을 만큼 눈이 발달하지 않았다. 대부분 색을 구별하기보다는 명암으로 물체를 확인하고, 두족류인 문어와 오징어의 눈은 카메라 줌처럼 거리 감각을 느낄 수 있는 기능이 있다고 한다.

몸 색이 같은 것은 아마도 살아가는 장소에서 색이 같은 생물들만 살아남아서 이러한 방향으로 진화한 듯하다. 하지만 서식처에서 색이 같은 먹이를 계속 먹다가 색소 등에 따라 몸 색이 변한 것인데, 우리 눈으로 보기에 정말 구별하기 어려운 색깔을 띠고 있어 위장 수단으로 이해하게 된 것인지도 모르겠다.

주변 산호와 같은 모습으로 위장하고 있다. ▶▶

위장: 투명하게 하기

바다로 투과된 빛을 속이는 생명체도 있다. 투명한 모습으로 자신의 모습을 되도록 드러내지 않게 하는 것이다. 내장이 비칠 정도로 투명해도 포식자에게 발각되기 때문에 주로 야행성이나 거의 움직이지 않고 살아간다.

투명한 생명체는 다양한 동물에서 나타나지만 대부분 크기가 작은 개체에서 관찰된다.

온몸이 투명한 유령새우의 모습을 겨우 확인할 수 있다. ▶▶

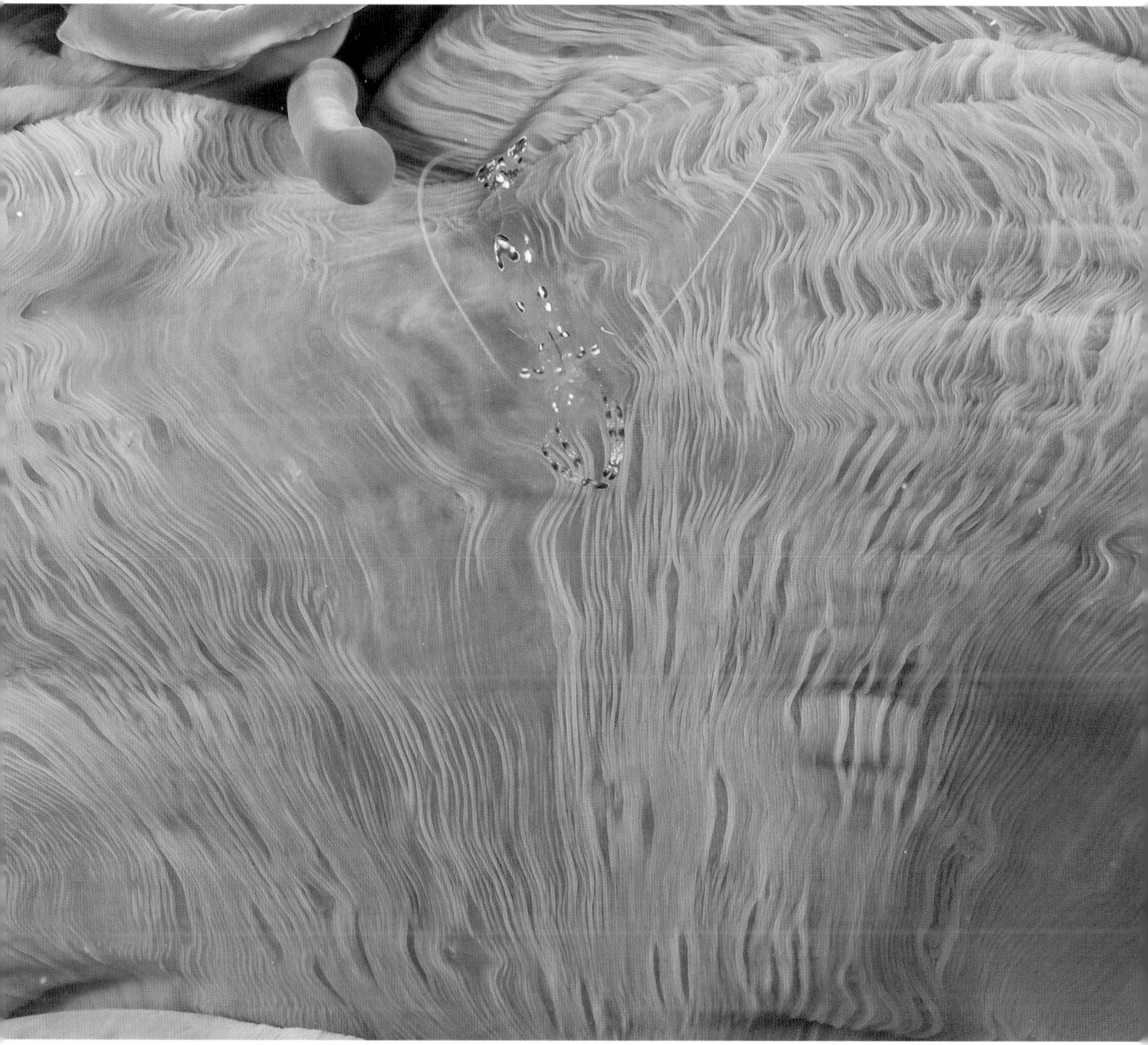

위장: 상호 돕기

고둥 껍데기는 몸을 보호하기 위한 집게에게 필요한 도구이지만, 어딘가에 몸을 부착해야 하는 말미잘에게도 필요하다. 특히 수심이 깊은 곳에는 바닥이 주로 모래나 펄로 이루어져 있어 말미잘이 부착하여 살기 위한 공간을 찾기 어렵다. 고둥 껍데기를 공유하는 말미잘과 집게는 생존하기 위해 서로를 돕는 모습을 보이지만 부착할 수 있는 공간이 부족한 상황에서 우연히 이루어진 삶이다. 하지만 말미잘의 침은 집게를 공격하려는 해양생물에게는 작은 무기가 될 수 있고, 말미잘은 원활하게 움직일 수 있을 뿐만 아니라 집게가 먹고 흘리는 먹이 조각을 얻어 먹을 수 있다.

집게 껍데기가 버거워 보일 만큼 말미잘이 덮고 있다. ▶▶

은신: 굴 파기

펄이나 모랫바닥에 직접 구멍을 파고, 심지어 물 한 방울 들어오지 않는 해안가에 구멍을 파고 사는 해양 동물도 있다. 아가미로 호흡하기 때문에 간간이 바다로 나서야 한다. 이때 직접 물속으로 들어가지 않고 파도가 부서지는 지점 위쪽에 다리로 모래를 꽉 움켜잡고 바다를 향해 옆으로 비스듬히 선 채 물을 머금기 위해 대기한다.

구멍을 파는 이유는 역시 은신하기 위함이다. 포식자로부터 피해야 하기 때문이기도 하지만, 먹이를 가득 채우고 안전하게 살기 위해서이다. 이들이 만든 굴은 생물 종에 따라 깊이와 모양이 다르다. 약 30도 각도로 비스듬하게 파는 종도 있지만 아예 90도 수직으로 파기도 한다.

파놓은 굴은 대부분 갱도 마지막 부분이 둥글고 공간이 넓어서 먹이를 보관하기도 한다. 굴을 팔 때 나오는 모래로 자신의 영역을 표시하기도 한다.

굴 깊이는 계절마다 차이가 있다. 겨울철에는 더욱 깊게 파고 이듬해 봄이 올 때까지 구멍을 막고 열지 않는다. 즉 동면을 한다. 대부분 굴을 파는 생물은 평생 한 곳의 굴에서 살지 않고 상황에 따라 여기저기 굴을 만들어 놓는다. 흉가처럼 버려진 굴을 다른 생물이 이용하기도 한다.

엽낭게가 구멍을 만들고 있다. ▶▶

은신: 매복하기

바닥에 굴을 만들기보다 몸에 살짝 모래나 펄을 덮어서 매복하기도 한다. 지느러미로 바닥을 헤칠 때 일어나는 모래를 그대로 덮어쓰고, 눈이나 작은 더듬이를 밖으로 내밀어 바깥 분위기를 감시하면서 몸을 숨기거나 휴식을 취한다.

갯벌에 사는 고둥은 썰물에 조개를 잡아먹지만 밀물 때가 되면 슬며시 펄 속으로 들어가서 물이 잠긴 시간 동안 어류와 같은 포식자에게서 피한다.

가오리가 모래 속에 슬며시 숨어 있다. ▶▶

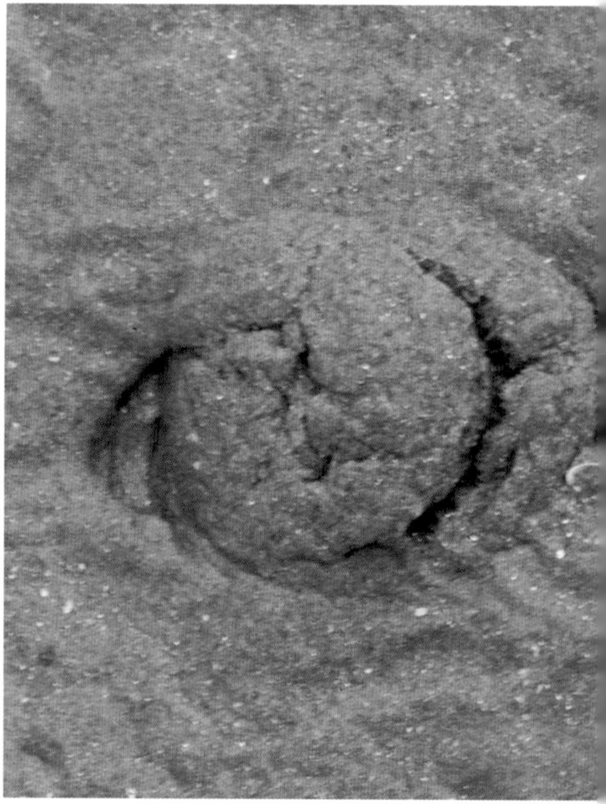

은신: 갉아내기

바위를 뚫는다는 표현이 걸맞은 해양생물도 있다. 비교적 부드러운 재질인 사암과 같은 퇴적 암반에 구멍을 내고 살아간다. 처음에는 작은 구멍을 내고 그 속에 살다가 몸집이 커질 때마다 계속 구멍 크기를 키운다.

돌조개나 열대 담치의 경우 산성 물질을 분비하면서 거친 패각으로 계속 암반을 긁어낸다. 성게는 산성 물질을 분비하면서 지속적으로 거친 가시와 이빨로 구멍을 키우면서 성장하며, 밤에 먹이 활동이 끝나면 자신이 파놓은 구멍으로 되돌아오기도 한다.

성게가 은신하기 위해 바위에 구멍을 만들고 있다. ▶▶

기타: 집단 서식

엄청난 개체가 떼를 이루어 포식자들에게는 커다란 생물체로 오인하게 하고, 몸체가 큰 포식자가 공격하면 뿔뿔이 흩어져 막상 입속으로 들어가는 것이 없는 전략을 편다. 주로 어린 생물이나 크기가 작은 물고기들이 이러한 방식을 활용한다.

떼를 이루어 포식자의 공격에 대비한다. ▶▶

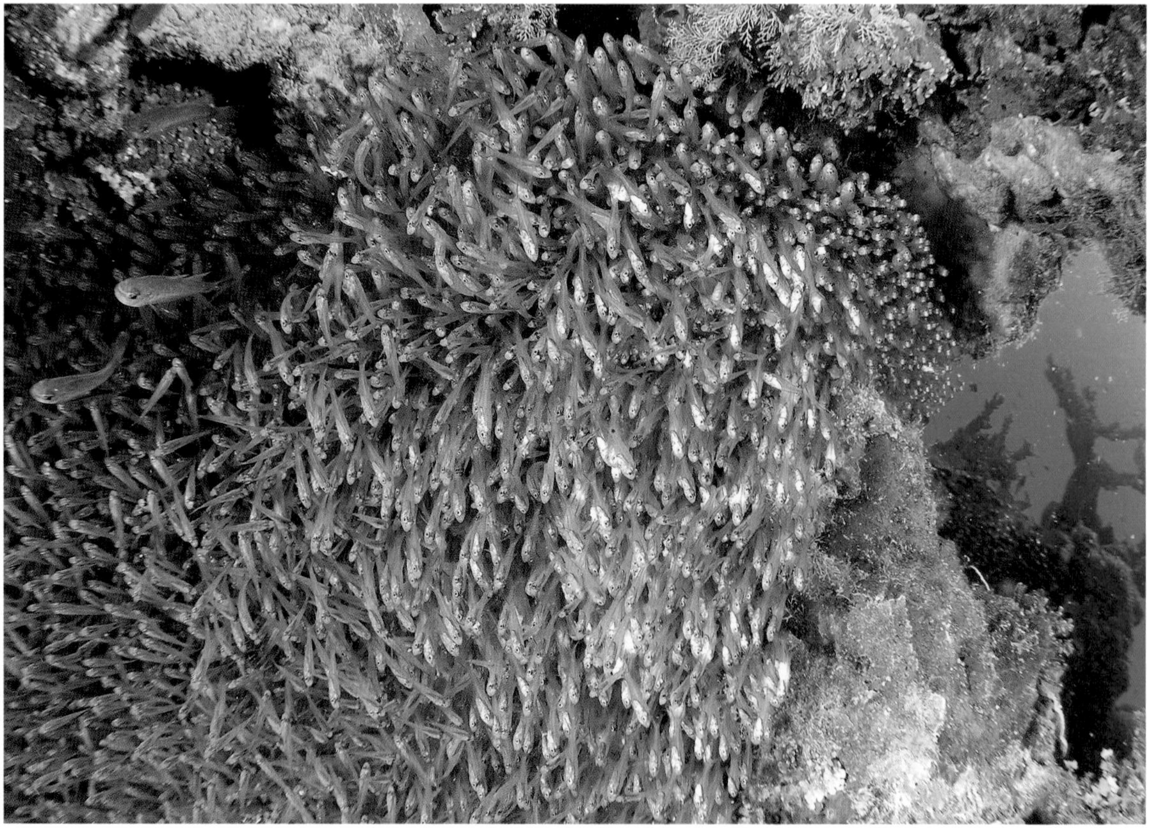

기타: 차라리 잘리고 재생하기

몸의 일부가 잘려도 다시 재생하는 방식으로 살아가는 생물도 있다. 일단 몸을 포기해서라도 생존하려는 방식이다. 해삼은 몸을 둘로 자르면 나중에 두 마리가 된다. 일본에서는 '고노'라는 해삼 생식소가 매우 비싼 가격으로 판매된다. 어부들은 해삼을 잡아 생식소를 수거한 뒤 다시 바다로 던진다.

수온이 10도 이하에서 잘린 해삼은 약 6주가 지나면 두 마리가 된다. 다만 입이나 항문이 유지되도록 잘라야지 횡단면으로 자르면 안 된다. 욕심이 나서 여러 토막으로 잘라도 두 조각만 해삼의 모습으로 재생되어 생존한다.

해삼은 위협을 느끼면 내장을 빼낸다. ▶▶

05

독특한 적응 전략

독특한 생존 방식

파란 세상은 전혀 생각지 못한 해양생물이 다양한 생존 방식으로 주어진 환경에서 적응하며 살아가는 공간이다.
오랜 세월을 거친 적응으로 몸과 생활이 바뀌고 이에 걸맞은 모습으로 진화한다.

대왕조개의 비밀

산호초에서 무게가 200킬로그램가량인 조개를 만날 수 있다. 우리나라에는 서식하지 않아 한국 이름이 없지만, 영어 이름을 그대로 해석하여 '대왕조개(Giant Clam)'라고 부른다.

처음 본 사람들은 이렇게 큰 조개가 어떻게 먹잇감을 얻는지 궁금해했다. 크게 입을 벌리듯 커다란 패각을 열어 형형색색의 살이 미끄러지듯 패각 안팎으로 움직이는 모습에서 지나가는 물고기를 잡아먹는다고 주장하는 사람도 있었다. 심지어 커다란 진주를 머금고 있어 진주를 캐낼 욕심으로 손을 넣으면 잘라 버린다고도 했다. 실제로 호기심에 손을 넣었다가 패각이 닫혀 손을 빼내지 못해 숨을 더 이상 참지 못하고 사망하기도 해 '식인조개'라는 이름이 붙기도 했다.

하지만 이들은 상상보다 간단한 생존 전략을 펼친다. 이들은 산호처럼 몸속에 아주 작은 갈충조라는 플랑크톤을 살게 해서 먹이를 얻는 방식으로 살아간다. 패삭을 크게 벌리고 살을 밖으로 드러내는 것도 갈충조가 광합성을 원활하게 하여 먹이를 많이 만들게 하려는 배려이다.

60센티미터에 이르는 조개가 패각을 벌리고 있다. ▶▶

게거품을 내다

해양생물에 관심 있는 사람들은 뜨거운 여름철 또는 수산시장의 커다란 대야에 담긴 살아 있는 게가 거품을 내는 모습을 보았을 것이다. 우리는 열변을 토하면서 입가에 침이 묻은 모습을 '게거품을 문다'라고 표현한다.

게가 거품을 내는 것은 생존을 위한 행동이다. 즉 호흡을 해야 하는 데 필요한 물을 찾기 어려운 경우 아가미 포대에 남아 있던 수분에 공기를 넣어 부풀리면, 대기 중에 산소가 거품에 녹아 들어가고 이를 들이마시면 호흡이 가능하다. 즉, 게가 거품을 만드는 것은 호흡곤란을 느끼기 때문이다.

▼▼ 바위틈에서 게거품을 만들다.

나선형 껍데기를 만들다

소라 껍데기는 왜 나선형이 되었을까? 패각을 우산처럼 옆으로 펼치는 과정에서 아마도 비스듬히 꼬이면서 수직으로 키가 늘어나는 형태를 갖추게 되었을 것이다. 이렇게 하면 몸을 크게 하더라도 바위에 붙는 면적은 늘어나지 않으니 사는 장소가 부족해지는 문제를 피할 수 있다. 다만 키를 높이면 파도로 인해 바위에서 쉽게 떨어져 나갈 수도 있다.

껍데기를 입체적으로 만들면 껍데기 내부에 여유가 생겨 크게 펼쳐지는 살을 접어 넣을 수 있다. 한 번 감을 때마다 그 간격이 점점 넓어지는데 간격의 증가분은 이전에 감은 증가분에 제곱배수가 되어 늘어난다. 껍데기를 둥글게 감으면 그 크기는 잘 파악할 수 없지만, 내부는 공간을 넓게 확보할 수 있어 키가 너무 커지거나 바닥이 너무 넓어지는 등의 우산 모양이 지닌 문제점을 해결할 수 있다. 굉장히 수학적인 진화이다.

▼▼ 껍데기가 입체적인 나선형이다.

우주에서 찍은 동그란 모습의 지구는 대부분 파란색이다. 혹시 태평양을 찍었다면 지구는 완전한 파란색이다.

파란색 공간을 '바다'라고 부르고 있으며, 아직까지는 지구에서 생명체가 처음 탄생한 장소라고 이해하고 있다. 호기심 가득한 생명체인 인간은 오래전부터 파란색 공간을 들여다보는 노력을 했지만, 적응할 수 없는 시야 제한을 겪어야 했다. 그럼에도 포기하지 않고, 이제는 10킬로미터에 이르는 가장 깊은 바닥까지 진출하여 그곳에 사는 생명체까지 찾아냈다.

파란 세상 어느 곳에서든 생명이 존재했다.

'존재 확인'은 곧 '어떻게?' '왜? 거기까지'라는 호기심을 이끌어냈다.

'살아가기'는 생명체의 가장 기본적인 조건일 것이다. 살기 위해 바다 환경에 적응해야 했고, 오랜 적응은 진화로 이어졌다. 우리가 숫자로만 나열하고, 느낌을 이해할 수 없는 엄청난 기간에 바다에서는 지속적으로 생명체가 진화했다. 물론 어느 순간에 모든 생명체가 거의 전멸하는 상황을 겪기도 했지만, 지금까지도 생명체가 존재하고 있다.

이제 바다 생물은 발달한 영상을 통해 누구나 수월하게 맞이할 수 있다. 인간과 다른 세상에서 살아간다는 신비함과 독특한 모습들이 소개될 때마다 그들의 삶을 이해하는 설명은 그들의 삶의 방식이 아닌 인간 중심으로 해석하기도 했다.

스쿠버다이빙을 배운 행운으로 바다 생물과 함께 머문 시간을 가지게 되었다. 생명체마다 각기 다른 모습과 행동을 지켜보면서, 조금 다른 방향으로 바다 생물을 소개하겠다는 욕심이 생겼다. 생물마다 탄생과 살아가기 위한 노력, 죽음에 이르는 단계를 사진으로 포착하여 되도록 그들의 삶의 모습에서 이해할 수 있게 소개했다.

바다를 좋아하는 많은 분의 도움을 받았다. 바닷속에서 즐겨야 하는 시간을 쪼개어 확보한 영상을 흔쾌히 제공해 주신 분들께 깊은 감사를 드린다. 특히 정무용, 정준연, 고 김억수, 오정희 씨와 함께했던 많은 추억을 담아 본다. 저술 방식을 검토해 주시고 중요한 사진까지 제공해 주신 손민호 박사님께도 감사의 마음을 전한다.

참고문헌

김정규, 박진영, 박흥식, 2004. 동물의 공격과 방어. 한솔교육. 37p.

김찬한, 김시관, 윤원호, 이경호, 2006. 천연 생리활성 물질학. 유한문화사. 247p.

박진영, 박흥식, 김정규, 2004. 동물의 짝짓기. 한솔교육. 37p.

박흥식, 최성순, 2001. 해양생물사진도감. 풍등출판사. 287p.

박흥식, 2003. 문어. 웅진닷컴. 56p.

박흥식, 2003. 산호. 웅진닷컴. 56p.

박흥식, 2004. 오징어. 한솔교육. 37p.

박흥식, 이희승, 2013. 미래 자원의 보물 창고, 열대 바다. 지성사. 128p.

박흥식, 김한준, 2013. 바다가 만든 보석, 진주. 지성사. 127p.

박흥식, 2015. 바다 이야기. 가나출판사. 161p.

손민호, 김남길, 황철희, 김현정, 2019. 갯바위 생태계. 해양생태기술연구소. 287p.

손민호, 서인수, 김미향, 김대익, 2008. 한국의 불가사리. 해양생태기술연구소. 106p.

윤성규, 홍재상, 1995. 해양생물－저서생물. 아카데미서적. 432p.

전중균, 2017. 해양생물의 독. 라이프사이언스. 245p.

최영웅, 박흥식, 2012. 아기 낳는 아빠 해마. 지성사. 141p.

한정기, 박흥식, 2010. 바다의 정글 산호초. 지성사. 152p.

Amstrong, P., 1996. Sea Searcher's Book. Monterey Bay Aquarium. 223p.

Balcombe J., 2016. What a Fish Knows. 양명찬 옮김(2017), 물고기는 알고 있다. 에이도스. 380p.

Carson, R. & Heins B., 1955. The Edge of the Sea. 김홍욱 옮김(2018), 바다의 가장자리. 에코리포트. 368p.

Carson, R., 1962. The Sea arund Us. 김홍욱 옮김(2018), 우리를 둘러싼 바다. 에코리포트. 367p.

Castro, P. & M.E.Huber., 2010. Marine Biology, 8−ed. Mc Graw Hill. 461p.

Davis, N.B., J.R. Kreb and S.A.West., 2012. An introduction to behavioural ecology. 김창희, 김화정, 장병순, 이진원, 남기백 옮김(2014), 행동생태학. 자연과 생태. 550p.

Greene B., 2020. Until the End of Time. 박병철 옮김(2021), 엔드오브타임. 와이즈베리. 531p.

Hayward, P., 1994. Animals of Sandy Shores. The Richimond Press. 104p.

Kasyanov. V.L., 2001. Reproductive Strategy of Marine Bivalves and Echinoderms. Science Publishers Inc.. 229p.

Kozloff, E.N., 1983. Seashore Life of the Nothern Pacific Coast. Univ. of Washington Press. 370p.

Motokawa, T., 2012. UNI QA SUGOI BATTA MOSUGOI, 장경환 옮김(2019), 성게, 메뚜기, 불가사리가 그렇게 생긴 이유. 김영사. 351p.

Motokawa, T., 1992. ZOU NO JIKAN NEZUMI NO JIKAN. 이상대 옮김(2018), 코끼리의 시간, 쥐의 시간. 김영사. 279p.

Niesen, T. M., 2000. The Marine Biology Coloring Book. Harper Collins. 232p.

Palumbi, S.R. & Palumbi, A.R., 2014. The Extreme Life of the Sea. Prinston Univ. Press. 225p.

Prager E., 2010. Sex, Drugs and Sea Slime. The Univ. of Chicago. 184p.

Scales, H., 2015. Spirals in Time －the secret life and curious afterlife of seashells Bloomsbury. 304p.

도움을 주신 분들

김병수: 31쪽, 39쪽(아래)

김선욱: 93쪽

김억수: 11쪽, 24쪽, 34쪽, 36쪽(오른쪽), 37쪽, 61쪽(위), 68쪽, 117쪽

김한준: 83쪽

박헌영: 12쪽

서정우: 24쪽(원)

손민호: 35쪽(왼쪽), 45쪽(위), 47쪽, 53쪽, 63쪽, 73쪽, 112쪽

오경철: 7쪽

오정희: 20쪽, 33쪽, 52쪽, 76쪽, 77쪽, 87쪽, 98쪽, 99쪽

정무용: 4쪽, 8쪽, 14쪽, 22쪽, 28쪽(아래), 35쪽(오른쪽), 36쪽(왼쪽), 40쪽, 44쪽, 54쪽, 56쪽(큰 사진), 57쪽(아래), 59쪽(아래), 61쪽(아래), 62쪽, 66쪽(왼쪽), 72쪽(아래), 78쪽, 79쪽(왼쪽), 80쪽, 82쪽, 88쪽, 91쪽, 92쪽, 94쪽, 95쪽, 96쪽, 97쪽, 101쪽, 102쪽, 105쪽, 118쪽, 뒤표지

정준연: 25쪽, 26쪽, 27쪽, 32쪽(오른쪽), 57쪽(위), 65쪽, 104쪽, 108쪽, 114쪽, 앞표지

*쪽수를 표기하지 않은 본문의 사진은 저자의 작품이다.